三次元ビジョン

工業分野における非接触・計測技術の基本から
各種測定装置・ロボットビジョンまで

contents

レーザー3Dカメラ（高解像度ハイフレームレート）

フォトンフォーカス社3Dシリーズは、レーザー3D高速CMOS カメラです。
画像データはカメラ内部で3Dデータに変換して出力しまので
容易に3Dプロファイルの製作、計測ができます。

3Dカメラ モデル	カメラ解像度	LinLog機能	プロファイル Max.	Moving ROI機能	Dual Laser 対応
MV1-D1024E-160-3D01	1024 x 1024	✓	14770 p/s	✗	✗
MV1-D1312-3D02	1312 x 1024	✓	31545 p/s	✗	✗
MV1-D2048x1088-3D03	2048 x 1088	✗	11060 p/s	✓	✓
MV1-D2048-3D04	2048 x 2048	✗	9730 p/s	✓	✓
MV1-D1280-L1-3D05	1280 x 1024	✗	68800 p/s	✗	✗
MV1-D2048x1088-3D06	2048 x 1088	✗	18619 p/s	✗	✗

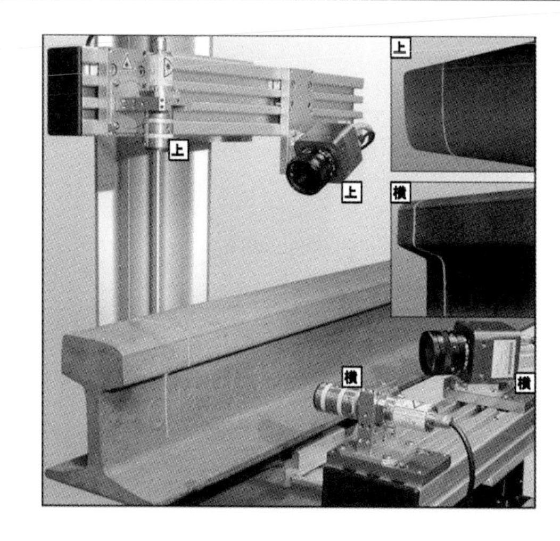

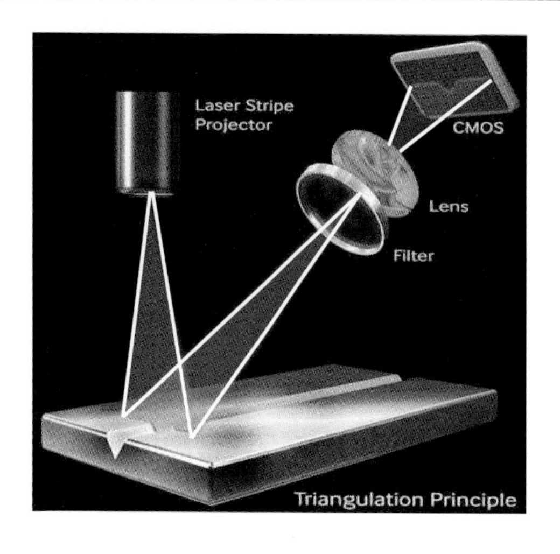

株式会社 アプロリンク

〒273-0025 千葉県船橋市印内町568-1-2
Tel : 047-495-0206 Fax : 047-495-0270
Web : www.aprolink.jp
E-mail : sales@aprolink.jp

URL http://www.ditect.co.jp

画像計測・解析ソフトウェア

ディテクトではあらゆる分野の課題を画像処理で解決するソフトウェア製品群をご提供いたしております。静止画、動画ファイルにアクセスして定量データを導きます。インターフェースは直観的で使いやすく、研究、開発の業務効率の向上に貢献いたします。
入力カメラからのシステムアップによるリアルタイム画像処理、計測もご提案いたします。

画像計測マクロ処理ソフトウェア DIPP-MacroⅡ

動画ファイルや連番静止画ファイルにアクセスして、画像の中の情報を表出させる画像計測ソフトウェアです。豊富な処理メニュー、パラメータ、処理順序を選択・設定が可能で、あらゆる課題解決にお役に立ちます。使いやすいマクロリストは処理順序の入れ替え、途中の処理の修正、結果の反映などが簡単にできます。個数カウント、粒径分布、微粒子可視化など。

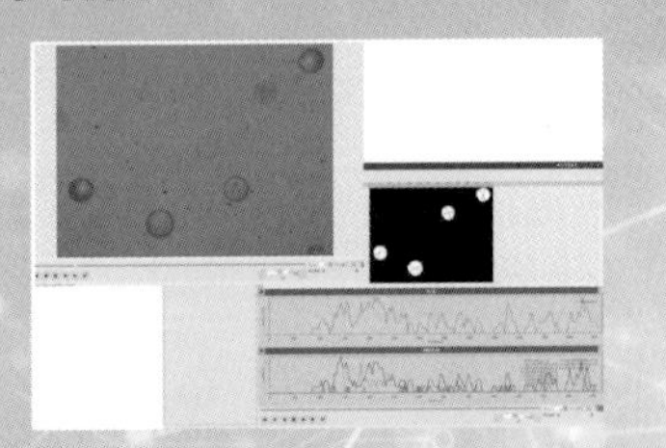

高性能2次元・3次元 モーションキャプチャーソフトウェア DIPP-MotionV(five)

画像処理応用の運動解析ソフトウェアの定番ソフトウェアです。画像選択から追尾、校正、グラフ作成までの操作内容がツリー構造で明確化され操作の手順に迷いがありません。グレースケール重心採用で定量化誤差が格段に小さくなり、また、マーカーレスの場合の相関追尾トラッキング性能は他の製品の追従を許しません。

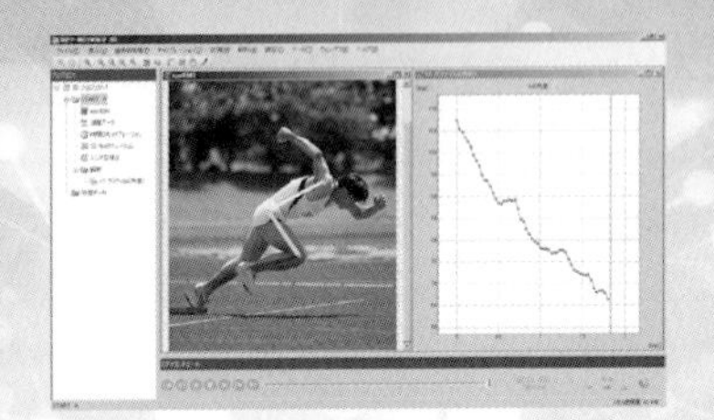

流体解析ソフトウェア Flownizer2D

操作性と処理速度を重視して開発された流体解析ソフトウェアです。PIV、PTVの計測方法を備えています。風洞実験、水槽実験をはじめエンジン、エアコン、河川からマイクロ流路まで様々な分野でご採用いただけます。流線、流跡線はもちろん、渦度、乱流エネルギー、レイノルズ応力などの物理量計算も装備しています。ステレオPIV対応のFlownizer2D3Cもございます。

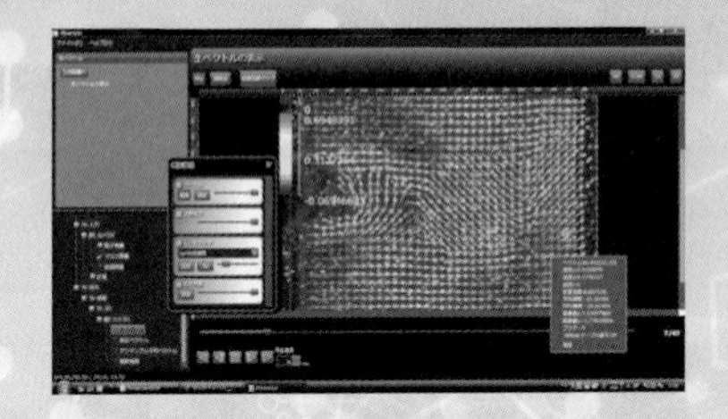

高速度カメラ・ハイスピードカメラ ラインナップ

ディテクトハイスピードカメラ HASシリーズは、低価格で手軽で使いやすく、複数台同期撮影や便利なトリガー入力など充実した機能を搭載しており、研究開発から生産現場まで幅広くお使いいただいております。

HAS-EF【新製品】
520万画素 内蔵メモリ6GBのハイコストパフォーマンスモデル

HAS-EFは、有効画素数520万画素2560×2048ドット、フルフレームで250コマ/秒、フルハイビジョンで500コマ/秒、VGAで1400コマ/秒、最大14000コマ/秒の高速度撮影が可能なハイスピードカメラです。内蔵メモリを6GB有し、フルスペックでの複数台同期撮影も可能です。

HAS-U2
USB3.0接続、手のひらサイズの530万画素の高速カメラ

HAS-U2は、2GB内蔵メモリモードで、1980×1080で250コマ/秒、640×480で1000コマ/秒、576×256で2000コマ/秒など高度な撮影モードを有するベストコストパフォーマンスモデルの高速度カメラです。DMA転送モードにも対応しUSB3.0バスパワーでの運用が可能です。

HAS-U1
新型エントリーモデル 130万画素の高速カメラ

1280×1024で200コマ/秒、800×600で500コマ/秒、640×480で800コマ/秒など数多くの現場で十分な内容の撮影モードを有するハイコストパフォーマンスの高速度カメラです。USB3.0バスパワー駆動し、AC100V無しで運用可能なので、機動性高くご使用いただけます。2GB内蔵メモリ。

HAS-D71
VGA で8000コマ/秒可能なフラッグシップカメラ

ディテクトの最上位ハイスピードカメラです。新型高感度イメージセンサ搭載で格段に明るい鮮明な高速撮影が可能です。最速12万コマ/秒対応です。USB3.0とタッチ操作向き新GUIを採用し高性能カメラながら手軽にお使いいただけます。130万画素2000コマ/秒に対応する姉妹機種　HAS-D72もございます。

株式会社 ディテクト

東京本社　〒150-0036 東京都渋谷区南平台町1-8　TEL.03-5457-1212　FAX.03-5457-1213
大阪営業所　〒550-0012 大阪市西区立売堀1-2-5 富士ビルフォレスト5F　TEL.06-6537-6600　FAX.06-6537-6601

資料請求No. 008

Gz1710-01

三次元計測の各手法とその特性

Attributes of various 3D measurement methods

広島市立大学
日浦 慎作

はじめに

画像によるセンシングでは古くから、モノクロカメラやRGBカラーカメラにより対象を撮影し、それにより得た画像を計算機で処理することにより所望の情報を取り出す方法が広く研究され、また利用されています。しかしそれらのシステムの多くでは、利用されているカメラが「センシング」、つまり対象の画像から何らかの情報を得るために生まれたものではなく、一般向けのデジタルカメラやビデオカメラのように対象の画像・映像を単に記録し、後に鑑賞するための技術を元にしたものが依然として用いられています。もちろんそれらのコンシューマー向けの技術が急速に発展したことでカメラの性能が向上するとともに低価格化し、またそれによって初めて可能となった応用分野も多くありますが、純粋に技術的観点から見ると、用いられているカメラの機能、性能や画像処理手法が最適とはいえないことも少なくありません。例えば赤・緑・青の３原色は人間の視覚系を模倣したものであり、得られた画像をディスプレイ上に表示したときに人間がちょうど本物のように感じられる最低限の条件です。しかし、得られたRGB値は光の連続的なスペクトル分布に比べると大幅に情報量が少ないため、このようなカメラが素材の識別や鮮度の判定などの画像処理に向いているとは限りません。

同様のことは、対象物体の「形」に関するセンシングにおいてもみられます。画像センシングでは対象物体の形状・寸法や対象物体までの距離を計測したいことが多くあります。しかし、カメラは対象物の「明るさ」に関する情報しか出力してくれません。我々人間は脳内の高度な処理により極めて汎用的な視覚系を実現しており、視覚情報から被写体の形状だけでなくその質感や種類なども同時に認識することができますが、同様の視覚系を計算機により作ることは、人間並の知能を持つコンピュータがいまだ夢物語であるのと同様にまだまだ実現することは難しいと言えます。工学的には、人間のような汎用性を追求するよりも、それぞれの目的にぴったり合ったセンシング手法を構築するほうが近道であり、形に関する情報が欲しいのであれば、直接的に（明るさではなく）対象物体の形が得られる計測手法を用いるほうが良いと言えます。

そこで本稿では、光を用いることで対象物体の形状を非接触に計測する三次元計測法について一通り整理します。それぞれの手法の特性には光の性質が大きく関係しますので、これについてもあわせて概観します。

三次元計測の原理と分類

三次元計測には多くの種類がありますが、これらは従来、能動的計測（アクティブ計測）と受動的計測（パッシブ計測）の二つにまず大別されてきました。能動的計測は、距離計測のために特にデザインされた光を装置から被写体へ向けて照射する手法です。それに対し受動的計測は、太陽光や屋内照明など、特に制御されていない既存の照明光を利用して対象を撮影し、その画像から対象物体の形状を求める手法です。この分類方法はわかりやすいのですが、計

表１　三次元計測法の分類

	光の直進性に基づく計測法（光の幾何学的構造）	光速に基づく計測法（光の時間的構造）
能動的計測	スリット光投影法 コード化パターン光投影法 固定パターン投影法 モアレ法	時間差測定法（直接法） 位相差測定法（間接法） 干渉計
	ステレオ法＋光パターン照射	
受動的計測	ステレオ法 マルチベースラインステレオ法 Shape from Motion 因子分解法 Depth from Defocus	なし

測原理と直結していないため、手法の特性を判断する上では最適でない場合があります。そこで筆者は近年、より計測原理に近い観点から、三次元計測手法を以下の二つに大別することを提唱しています。

a. 光の直進性に基づく方法
b. 光速に基づく方法

a は対象物体を複数の地点から観測したときの方位から距離を求める手法で、ステレオ法などが該当します。これに対し、b は装置から発した光が被写体で反射し、再び装置まで戻ってくるまでの時間を用いて距離を求める方法で、光飛行時間測定法などと呼ばれています。b は必然的に能動的計測しかありえません（表１）。それに対し、a には能動的計測と受動的計測の両者が含まれますが、これらの間には誤差が発生する原因などの特性に共通点があり、手法をより深く理解する上でも有益です。このことについてはのちに詳しく述べます。

三次元計測と光の性質

非接触に対象物体の形状を計測する三次元計測では、ほとんどの場合、光が利用されます。なぜ三次元計測では光が利用されるのでしょうか。これは、他の手段と比較してみることでよく理解できます。

光の他に距離を計測するために広く用いられているものに、音波と電波があります（光も電磁波の一種ですが、ここでは敢えて区別して論じることにします）。音波（超音波を含む）は初期のオートフォーカスカメラの一部において、被写体までの距離を求めるために使われたことがあり、現在も自動車のバンパーに組み込むことで車庫入れを補助するような目的に広く用いられています。しかし音波を用いた計測では、被写体の細部形状を求めることは容易ではありません。なぜなら音波は光に比べて波長が長いために広がりやすく、細かい部分に絞り込むことが容易ではないためです。かわりに、光による計測が難しい分野では活躍しています。胎児を確認するためにエコー写真が用いられるのは、皮膚や臓器が光をほとんど通さないためであり、かつ、X線撮影などに比べて放射線被曝がないためです。また他にも、漁船の魚群探知機や潜水艦など、水中環境において光が届きにくい遠方の距離計測や物体検出にも用いられています。これらはソナーと呼ばれ、Sound navigation and ranging の略語（SONAR）です。

電波はどうでしょうか。これも、長距離の距離計測に広く用いられています。航空機や船舶に搭載されているレーダは、対象物に向けて発射された電波（おもにマイクロ波）が反射し、アンテナまで戻ってくるまでの時間を測ることにより距離を計測する手法で、Radio detecting and ranging の略語（RADAR）です。レーダの最大の利点は、雲や霧など視界が遮られる（可視光が到達しない）条件でも対象の存在や位置を把握することができる点にあります。しかし見方を変えると、電波が通り抜けてしまうものは「透明」な物体ということになり、見えなくなってしまうということにも繋がります。電気を通しやすい、金属や水分を多く含む物体は電波を反射しますが、乾燥した木材やプラスティックなどは電波を透過しやすく、これらの計測には向いていません。また音波と同様に、波長が光に比べて長いために細かいものに絞り込みにくく、また、方位分解能を高めるためにはアンテナが大きくなってしまうという問題も持ちます。

このように考えると、光を用いて形状を計測することの利点・欠点や、音波や電波とともに光にも発生しうる問題点がはっきりします。光の利点の一つは、我々が「形状を測りたい」と考える物体の多くにおいて透過せず（不透明で）、表面で反射を起こすことです。形状計測対象のほとんどは固体であり、形を変えやすい液体や気体の形状を測ることは多くありません。そして、気体や液体は可視光にとって透明であることが多いのです。光の二つ目の利点は、細部の計測に向いている点です。光は波長が極めて短いため、小さな点に絞ることが容易です。また同時に、装置が小型化できるというメリットにもつながっています。電波を用いるレーダでは大きなパラボラアンテナや棒状のアンテナをくるくると回すことが多く、また、イージス艦に搭載されているフェーズドアレーアンテナも艦体の大きな面積を占めていますが、これは、あの大きさがなければ方位の計測精度（方位分解能）が低下してしまうためです。それに対し光であれば、スマートフォンのカメラレンズに見られる開口径1mm程度のものでも、電波や音波を用いた装置に比べて遥かに高い方位分解能を得ることができ、前述したように光速（光飛行時間）を用いた距離計測法の他に、光の直進性を用いた手法（三角測量）が可能であることの裏付けとなっています。

精度良く三次元計測を行うためには、光の速度が一定であること、または光が直進性に優れていることが求められます。これらの点でも光は優れています。温度や気圧の変化に対する光速の変化率は、音速の変化率に比べて約3桁小さく、ほとんどの分野において温度補償は必要ありません。光速が変化しにくいことはまた、光の直進性が優れていることも意味します。光は波であり、空間中で光速が一定であれば波面が平行を保ったまま光が伝播するため、光が直進するわけです。もっとも蜃気楼や陽炎などの現象に見られるように、空気中に大きな温度変化があればそれにより部分的に光速が変化し、それに応じて光の直進性が乱されることがありますが、これも多くの分野で問題視されません。ただし上述のように気温・気圧のほか、水中であれば塩分濃度などの溶解している成分によって、またガラス中であれば製造時の脈理のほか、圧力等によっても光速（屈折率に反比例）が変化することは頭の片隅に入れておいて損がない知識であると言えるでしょう。

光の直進性を用いる三次元計測法

「光の直進性を用いる方法」は、対象物体上のある点までの方位に関する情報を、機器側の少なくとも2箇所以上から求めることにより形状を得る手法で、つまり光を用いた三角測量です。計測精度は基本的に、方位を観測する2点間の距離（基線長）と、方位の計測精度により決まります。

この手法の代表例の一つとして、カメラを2台並べたステレオ法（図1）があります。これは我々人間の視覚系において、両目の見え方の違いから奥行きを知覚する両眼視差に対応します。この方法では太陽光や屋内照明の光を利用した受動的計測が可能であり、強い太陽光により照らされるため能動的計測では光量が相対的に不足しやすい屋外環境などで特に強みを発揮します。また、2台のカメラで同時に画像を撮影すれば、計算機による後処理が必要であるものの、計測そのものは瞬時に完了するため、動いているものの計測に向いています。ただし、2台のカメラから得られた画像間の対応付けを行う必要があります。対応付けとは、一方の画像に含まれる物体の一部（図1中の○）が、もう一方の画像のどこに写っているのかを特定する問題で、多くの計算量を要します。よって計算処理に時間がかかりがちですが、計算機技術の発展によりこの問題は解消されつつあります。CPUとソフトウェアによる対応付けのほか、専用ハードウェアによる対応付けを行う研究例や製品も存在し、この場合はリアルタイムで距離画像（二次元画像の各点に、被写体の明るさのかわりにカメラから被写体までの距離が格納されたもの）を出力することができます。

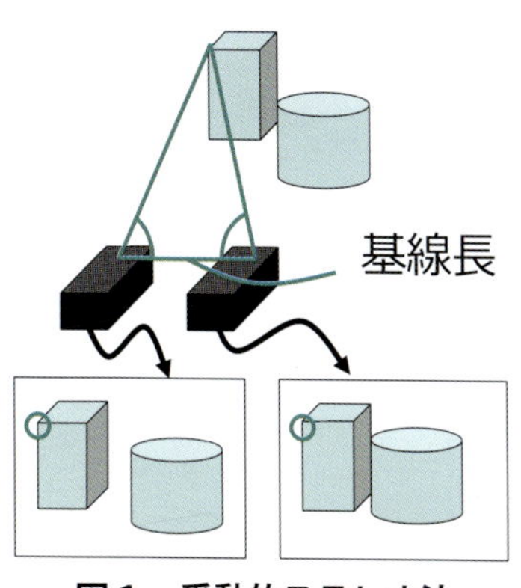

図1　受動的ステレオ法

受動的ステレオ法のもう一つの問題は、この対応付けの安定性です。被写体上に似通った模様を持つ部分が複数存在する場合、誤った対応付けがなされる場合があり、この場合は距離画像にノイズが生じます。また、完全に平坦で模様もない壁面など、対応付けの手がかりに乏しい領域では形状を得ることができません。要するに、物体表面の模様（テクスチャ）や形状によって形状計測の精度が大きく変わるため、金型製造やディジタルアーカイブ分野など、物体形状を全体にわたって精密に計測するような用途には適しません。二つの画像間で対応点を探す際の画像パターン（ウィンドウ、テンプレート）が一定の大きさを持つために、細部の形状を得ることが不得意であるという特性も持ちます。よって、形状計測結果をそのまま成果物として用いるのではなく、人と共存するロボットの視覚システムや自動車の衝突軽減ブレーキなど、生活環境中において計測結果をもとになんらかの動作を行うシステムに向いています。

ステレオ法に能動的計測の考え方を導入したものとして、被写体に幾何学的な構造を持つ光を投影することで形状を計測する能動的ステレオ法があります。図２はその代表例であるスリット光投影法を図示したものです。この図では、図１の２台のカメラのうち左の１台を投光機に置き換えています。投光機からは薄いシート状の光（スリット光）が射出されており、これが被写体に当たると、被写体の一部が線状に明るくなります。このシーンをカメラで撮影し、明るい線を抽出し処理することで、スリットが照射された部分の三次元形状が得られます。

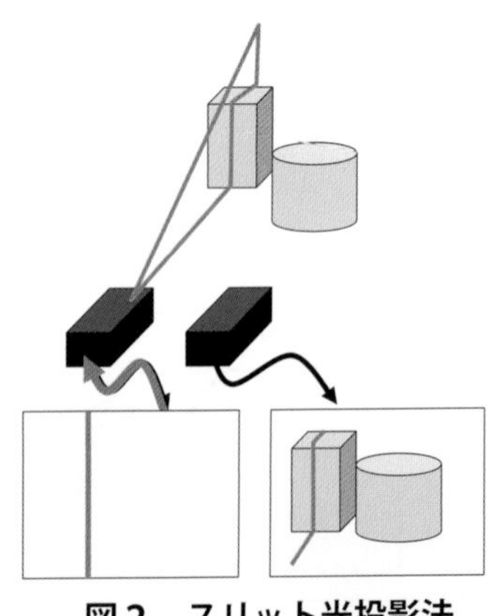
図２　スリット光投影法

この方法には「光切断法」という別名も付けられています。もし、投影するスリット光が極めて強力で、対象物体を一刀両断に真っ二つにできるとしたらどうでしょう。その断面を撮影することで、物体の形状を計測することができるはずです。このとき、光源の位置から撮影するのでは断面形状が見えませんから、少し脇にずれた位置から断面形状を得るわけです。もちろん実際に切ってしまうわけではありませんが、光が照射された部分は断面に一致することからこのように呼びます。

能動的ステレオ法の最大のメリットは、対応付け問題が簡単になることです。物体表面の模様など物体上の特徴を照合するのではなく、明るくなった画素の位置を特定するだけで良いため、方位を算出する際の安定性が向上します。特に、受動的ステレオ法が不得意としていたテクスチャのない平坦な面は、逆に能動的ステレオ法が最も得意とする対象で、物体全体に渡って密な形状が得られます。よってこの手法は金型製作やプロダクトデザインなど工業分野で広く用いられています。

能動的ステレオ法の欠点は、計測時間が大きくなることです。図２のスリット光投影法では、一度の撮影で形状が得られるのはスリット光が照射された部分のみです。よって被写体全体の形状を得るためには、スリットを横方向に走査しながら数百回前後の計測を繰り返す必要があります。よって一般には、時間がかかっても良いので被写体の形状を精密に計測したい分野で広く用いられていますが、フレームレートを向上させることで高速化を図る方法も多く研究され、また商品化もされています。

高速化を図る他の方法として、スリット光でなく、より複雑なパターン光を照射するものがあります。ただし、ただ単にスリット枚数を増やすだけの方法では、撮影画像上の明るい点が何枚目のスリットに対応するのかがわからなくなることがあります。よって撮影フレームごとに光の照射パターンを符号化するコード化パターン光投影法や、パターン光の輝度を正弦波状に変化させ、それをずらしながら投影する位相シフト法などが利用されています。

ランダムに輝点をばら撒いたような複雑なパターン光を照射することで、一回の撮影のみで形状を求める手法も古くから数多く提案されています。この手法は受動的ステレオ法と同様に瞬時に計測が完了することから動きのある物体の計測に強く、近年では Microsoft 社の Kinect（初代モデル、2010年発売）に用いられて脚光を浴びました。パターン投光機の構造も簡単となり良いこと尽くめのように思われますが、実際には撮影された画像上の輝度パターンを投影光のパターンと照合する必要があり、受動的ステレオ法と同様に、照合するパターン領域（ウィンドウ）の広さのぶんだけ計測結果がぼやけてしまいます。よって他の能動的ステレオ法のような密な計測よりも、人体動作の認識など動きがあるが抽象度の高い情報を得るために用いることが多い方法です。

レンズによる結像現象を利用し、ピントを合わせたときのレンズの位置や、画像上に見られるぼけの大きさから被写体までの距離を求める手法が提案されています。これらはそれぞれ Depth from Focusing、Depth from Defocus と呼ばれますが、測距原理としては光の直進性を用いる手法に分類されます。なぜなら、レンズによるぼけはレンズ口径内の視差により生じる現象であり、ステレオ法の亜種として解釈することもできるからです。よってステレオ法と同様に、距離の二乗に反比例して測距精度が低下するという特性を持ちます。また、パターン光の歪を格子によって検波することで形状を求めるモアレ法も、演算手段が異なるだけで能動的ステレオ法の一種とみなすことができます。

光速を用いる三次元計測法

この方法は、計測装置が発した光が被写体で反射し、再び計測装置まで戻ってくるまでの時間を何らかの方法で求めることにより測距する方法です。光を極めて高速に点灯・消灯する必要があるため、受動的計測はまずありえません。光速が極めて高速であることからナノ秒レベルでの時間計測を行う必要があり、光源とセンサの双方に高度な技術が求められます。

光速を用いる三次元計測法は、さらに大きく三つに分類することができます。一つ目の手法は、ごく短時間だけ発光する光パルスを被写体に照射し、その光が帰ってくるまでの時間を実測する方法（図３）です。これは時間差測定法と呼ばれますが、近年では遅れを直接計測する手法であるため直接法とも呼ばれます。光エネルギーが極めて短い時間に集中するうえ、細いビーム状にして対象物体上の限られた領域に照射することで、太陽光の影響が大きい屋外環境でも長距離計測が可能な装置が一般的になっています。ただし一度に１点しか計測できない装置が多く、対象全体の形状を得るためには走査が必要となるため、多点の計測には長時間を要します。

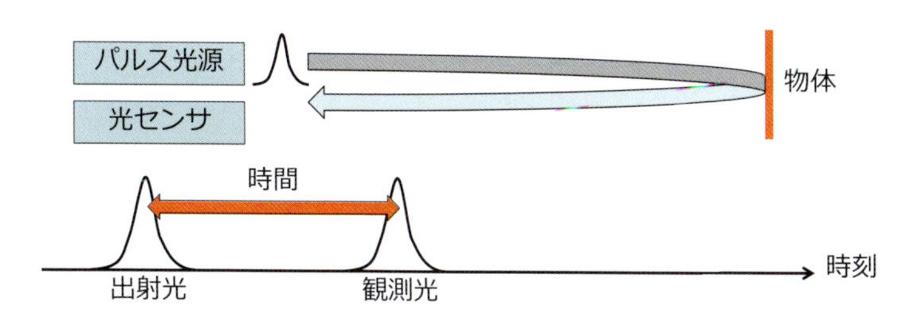

図３　時間差測定法（直接法）

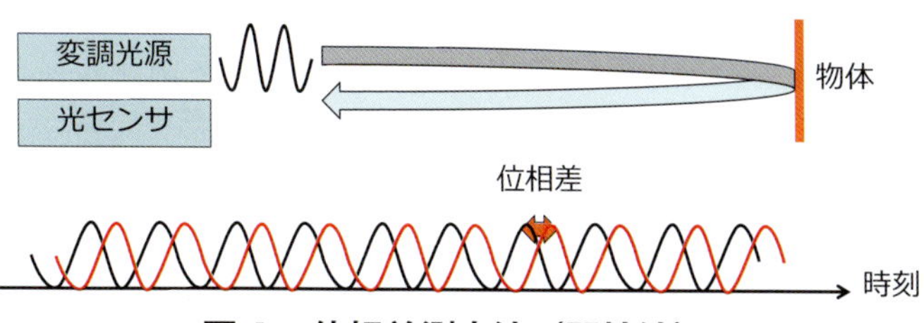

図４　位相差測定法（間接法）

二つ目の方法は光を周期的に点滅させ、その光が物体との間を往復するときの遅れを位相差として検出する方法（図４）です。この場合、位相差を測定するには、変調光源と同期して露光がON / OFFできるセンサを用います。図５はその様子を示したものです。この場合、出射光は矩形に変調されており、それが被写体で反射して返ってくると僅かな遅れを生じます。これを、出射光がONのときだけ繰り返し露光するセンサ１と、出射光がOFFのときだけ露光するセンサ２で多重露光することで観測します。時間遅れが小さいほど、センサ１で観測する光量（オレンジ色部分）がセンサ２で観測する光量（青色部分）よりも大きくなるため、この比率を用いて距離を計測します。

位相差測定法では、各画素の露光時間を精密に制御

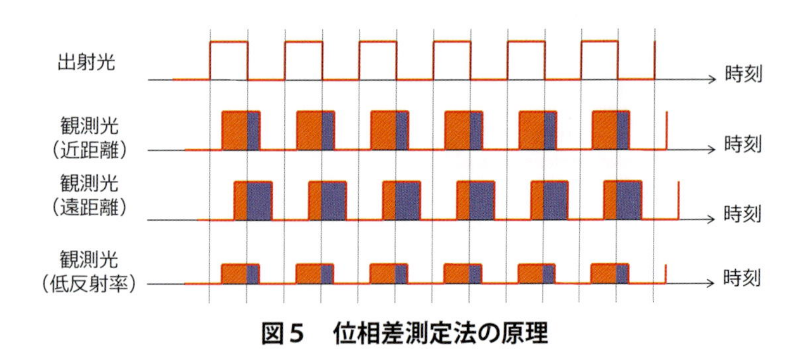

図5　位相差測定法の原理

できる専用の撮像素子を用いることにより多画素化を図ることが可能です。つまり、すべての画素で同時に距離計測を行うことができ、前述の時間差測定法よりも動きのある物体の計測に向いた手法であると言えます。そのかわり、距離をセンサ１とセンサ２から得られる光量の比で求めるため、アナログ量を元にした計測となります。よって被写体の反射率や距離、太陽光などの外乱光の影響を直接法に比べて受けやすく、それらの影響を除去する方法について工夫が施されています。また位相差の計測に基づくため、１周期以上の位相遅れがあると推定値に曖昧性が生じます。よって、直接法よりも近距離の計測に向いた方法であるといえます。従来からこの方式の産業用のセンサも存在しましたが、2013年には２代目の Microsoft Kinect がこの手法を用いたものとなり、急速に一般化しました。現在ではスマートフォンに組み込むことができるほど小型化したもの（Google Tango 対応スマートフォン）も登場しています。

時間差測定法（直接法）は間接法と反対に、反射光が帰ってきたタイミングをディジタル的に求めるため外乱に強い方法です。能動的計測では太陽光下の計測において光量不足が問題となりがちですが、光量をむやみに上げることはコストの上昇やエネルギー消費、発熱の増大のほか、肉眼に障害を与えないようにすること（アイセーフ）の観点でも限界があります。この点で直接法は、極めて短時間のパルスにエネルギーが集中しているため、太陽光に負けないワット数のレーザ光源でも時間平均では問題とならないことが多く、長距離の計測に好適です。

時間差測定法は光飛行時間測定法とも呼ばれ、これに対応する英語はTime of Flight（TOF）ですが、この呼称は最近では時間差測定法と位相差測定法の両者に対して使われるようになってきており、それぞれ direct / indirect TOF と呼んで区別されます。また時間差測定法は、前述の音波におけるソナー、電波におけるレーダと同様に、ライダー（Light detection and ranging, LIDAR）と呼ばれることもあります。

ガラス面間の微小な間隔変化などを検出することができる干渉計は、光速を用いた第３の三次元計測法です。時間差測定法や位相差測定法では光の強度を変調してその遅れを検出しますが、それに対し干渉計では光そのものの波としての性質を用い、その位相ずれを光同士の干渉により検出するという違いがあります。時間差測定法は10mを超える距離の計測に強みがあるのに対し、位相差測定法は10cm～10m前後の範囲に好適で、また干渉計はμmレベルの計測に向いています。

おわりに

本稿では、数ある三次元計測法をそれらの測距原理に基づき分類し、また光の性質に立ち戻りながらそれらの特性について述べました。それらの中から目的に合致した手法や装置を選ぶためには、単に仕様表上にある装置の性能値などだけでなく、それぞれの手法が依拠する原理を今一度思い起こし、計測したい対象の表面と、その対象と装置の間でどのように光が振る舞うのかに思いを馳せることが大事です。また計測がうまくできない場合にも、実際に計測環境でどのように光が伝播し、センサに捉えられ、処理が行われているのかについて調べ、考えることがトラブルシューティングの近道であるといえるでしょう。

【筆者紹介】

日浦 慎作
広島市立大学　大学院情報科学研究科
教授・理事長補佐・副理事
〒731-3194
広島市安佐南区大塚東3-4-1
TEL / FAX：082-830-1766
E-mail：hiura@hiroshima-cu.ac.jp

<主なる業務歴>
大阪大学、京都大学、MITメディアラボ等を経て2010年より現職。三次元計測、反射解析、コンピュテーショナルフォトグラフィ等の研究に従事。博士(工学)。

三次元ビジョン入門

今さら聞けない三次元測定の常識～三次元測定を有効に活用するための基礎知識

Basic knowledge for effectively utilizing three-dimensional measurement.

(一社) 三次元スキャンテクノロジー協会
青柳 祐司

はじめに

近年急速に広がってきた三次元測定技術は、ものづくりにおいて、デザインから品質管理まで様々シーンで活用され、無くてはならないモノになってきています。数多くの測定器が提供されていますが、正確な測定を行うには高度なスキルが必要であり、その機能を使い切れていないもの実情です。高度なスキルを必要とする三次元測定、長年に渡り活用されてきたその重要さを理解していただければと思います。

三次元計測って？

みなさんは靴を買った時、このような経験はありませんか？試着した際は、ちょうど良いと思ったけど、次の日に履いてみたら小指が痛くなった、足の甲が押されて履き心地が悪い。靴を購入する時にサイズを確認すると思います。23cmとか26cmとか。それは一次元の長さでしかありません。そこに足の幅を考慮すると二次元に、甲の高さを考慮すると三次元になり、自分にあった履き心地の良い靴を選ぶことができるかと思います。このようにモノは全て三次元でできています（図1）。

同じ商品は、同じにできていることは、誰もが感じる当たり前の品質です。モノは全て長さ・幅・高さ（厚さ）の三次元でできていますので、製品は三次元での寸法管理が重要になります。

最近、マシンビジョンで三次元検査を行いたいと要望をよく聞くようになりました。二次元検査を行っているところに、三次元検査を行おうとするとカメラを追加設置するスペースが無い、カメラまたはワークの搬送をしなければならない等で検査スペースの拡大やシステムの再構築等でかなり難しいと思います。そもそも前提として、三次元でしっかり測っておいてどこを管理すれば良いかと言う特性を把握しておけば、二次元の検査で十分だと思います。更には製品全てを検査するのには、三次元のスキャンスピードやスキャンクオリティを考慮すると二次元で行う方が優れています。では三次元測定技術はどういうモノなのかをお話したいと思います。

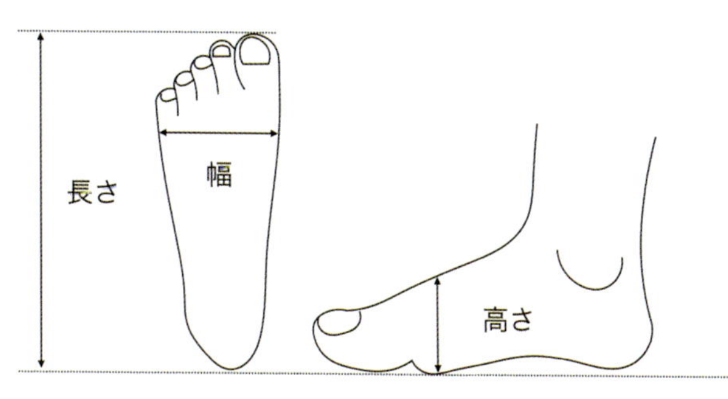

図1　モノは全て三次元でできている

非接触式三次元測定器とは

ひと昔過去では、直交座標型三次元測定器（図2）と言う三次元測定器を使い座標取得を行っていました。現在でも使われている測定器の一つです。他には門型三次元測定器（CMM）と言われるモノも使われています。これらは接触式三次元測定器とも言われており、実際に測定器の先端を部品自体に触れさせて、その触れた位置の三次元座標値を取得する測定

写真提供：三井造船システム技研

図２　直交座標型三次元測定器

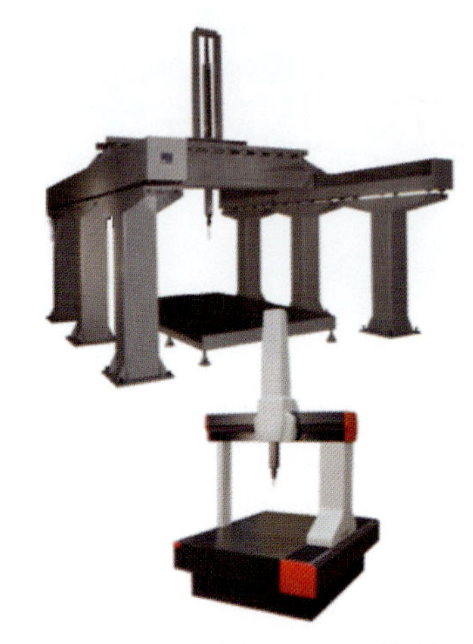

写真提供：三井造船システム技研

図３　門型三次元測定器

器で、高精度に座標取得を行うことができます。これらを使い三次元の座標値を取得していき、取得した座標値同士を計算させて長さを測る、円の直径を算出する等に使われています。

接触式三次元測定器のメリットとしては、高精度に座標取得を行うことが可能、構造が簡易的なので測定器自体の寿命が長い等があげることができます。デメリットとしては、１点ずつ直接触って座標値を取得するため、多くの点を取得しようとすると取得する時間が長い、測定器が大型かつ重量物であるため、測定器の移動ができない等があげることができます。それなので、主に幾何要素（円や長穴等）の座標値を取得し計算して、その中心点や内径算出、平面上の点を測定して平面度算出等を行うのに使われています。

門型接触式三次元測定器（CMM）（図３）はプログラムを作成することで、測定点が多くあっても自動で測定することができますが、部品全体の三次元座標を取得するには多くの時間を要します。

例えば、部品の曲面が他の部品と干渉してしまう事由が発生した場合、曲面全体の座標値を接触式三次元測定器で取得して、断面線を計算させて、CADと比較してどのような状態になっているかを調べたいと思っても、かなりの時間をかけて座標値を取得しなければなりません。そのようなことから短時間で多くのスキャンを行えるように非接触式三次元測定器が誕生しました。

非接触式三次元測定器（図４）はその名前の通り、部品に触ること無く、部品の形状そのものの座標値を取得することができる測定器です。1回の測定範囲が接触式三次元測定器と違い、広い視野でスキャンすることができるため、部品の形状全てを短時間でスキャンし、取得したスキャンデータからソフトウェアを使い、必要な部分を計算（測定）することが可能となりました。

接触式三次元測定器では、１回のスキャンで１点しか座標値を取得することはできませんでしたが、非接触式三次元測定器は、１回のスキャンで何百点～何百万点と言う座標値を取得することができるようになりました。これにより短い時間で必要なデータ取得を行えるようになりました。

例えば、自動車のドアの座標値を取得するのに接

写真提供：三井造船システム技研

図４　非接触式三次元測定器
左：MetraSCAN 3D　右：ATOS

触式三次元測定器は、約2時間かけて幾何要素の座標値を取得していたのが、非接触式三次元測定器では、ドア全体の座標値を約15分で取得することができるようになりました。

このように座標値の取得は「点から面へ」測定器の進歩と共にその測定作業も進歩してきました。三次元測定技術は、その利便性の高さから、現在、数多くの非接触式三次元測定器が提供されるようになりましたが、導入後すぐに活用することは、その秀抜さから高度なスキルと知識を必要とし、難しいのが実状です。測定する対象物の何を知りたいのか、取得したデータをどのように活用するのかによってスキャンのやり方も変わってくるからです（図5）。

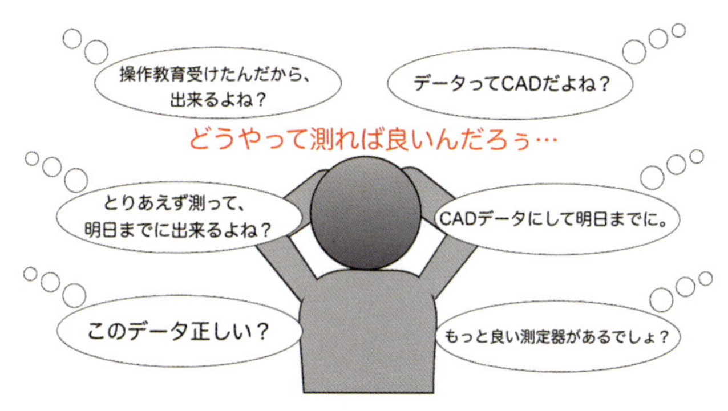

図5　非接触式三次元測定は高度なスキルと知識を必要する

非接触式三次元測定器を導入後にまずは操作トレーニングを受け、非接触式三次元測定器自体の使い方を覚えていただくことになると思います。そのあと、実際の業務で活用することになりますが、スキャンが思うようにできない経験のある方もいると思います。操作トレーニングは決められたトレーニング内容で実施し、短時間で多くの知識を覚えます。非接触式三次元測定器のセットアップからキャリブレーション（非接触式三次元測定器の校正）のやり方、スキャンのやり方、スキャンデータとCADデータを使った位置合わせ方法、エラーマップの作成方法等。一連の流れはこうだと思います。実際の検査で活用する場合もおよそこの流れだと思います。

ではなぜ、操作トレーニングを受けたのにも関わらず、業務で活用することができないのでしょう？それは、「知る」と「できる」は違うからです。操作トレーニングで非接触式三次元測定器を「知る」ことはできたかと思います。簡単な操作ならできると思いますが、実際の現場作業ではそう簡単には行きません。操作トレーニングの際に使ったサンプルワークのスキャンなら「できる」と思いますが、いざ業務での活用となると、測定対象ワークはトレーニング時とは違うモノになっていると思います。

ステレオカメラ式をお使いの方は、ターゲットマークを貼ってもそのターゲットマークが上手く認識しない、スキャンデータが穴だらけで穴を埋めるために何度もスキャンを繰り返してしまう等。レーザースキャナー式をお使いの方は、スキャナーの送り速度が一定にならず、波を打つようなスキャンデータになってしまう、どの程度のスキャンデータを取れば良いかがわからず、必要以上のデータを取得してしまう等です。

三次元スキャンテクノロジー協会（3DST）ってどういう団体？

三次元スキャンは高度なスキルと知識が必要だと思っていただけだと思います。これから非接触式三次元測定器を導入しようとしている方々にとって、どういうことに使えるか、どのように活用すれば良いかが不安で導入に踏み切れない、また多くの非接触式三次元測定器が提供されているため、どの非接触式三次元測定器が良いかわからない、と言ったこともあると思います（図6）。また、スキャン業務に

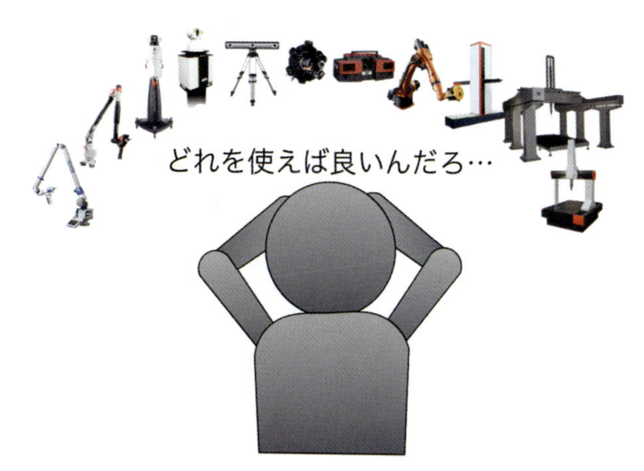

図6　適切な測定機を選ぶには？

携わっている方はできて当たり前のように思われがちで、高度なスキルを持ちながらも、年齢や経験だけで信用されなかったり、データの信頼性を疑われたりするケースが存在します。

そこで三次元スキャンテクノロジー協会（3DST）はそのような方々のサポートを行う団体として設立されました。非接触式三次元測定器が出始めた頃から活用しているため、10年以上の数多くの活用実績を保有しております。あなたの持つその高度な測定スキルを認定し、これから導入する方々へは事業サポートを行わせていただきます。

例えば、小さなスパナで大きなボルトを締め付けることができないように、小さなワークを測定する際に１回でスキャンできるからと言って、スキャン範囲の広い非接触式三次元測定器を使うと解像度が低下し、点と点のピッチが過大になり、微細な形状を取得することができません。形状を忠実に取得したいからと言って、大きなワークを高解像度ではあるがスキャン範囲の狭い非接触式三次元測定器でスキャンしていると、スキャンデータ同士の合わせ精度の劣化を招く、スキャンデータが過大になってしまいソフト上で開けないデータになってしまう等が発生します。このように測定するワークにあった非接触式三次元測定器を使うことが重要です（図７）。

非接触式三次元測定器で三次元寸法をしっかりと測定し、製品のどこの部分をどのように管理すれば良いかを把握し、管理ポイントを「面から点」にして、マシンビジョンも併用して活用し、全数検査を行えるようにサポートをさせていただくもの三次元スキャンテクノロジー協会（3DST）の役割です（図８）。

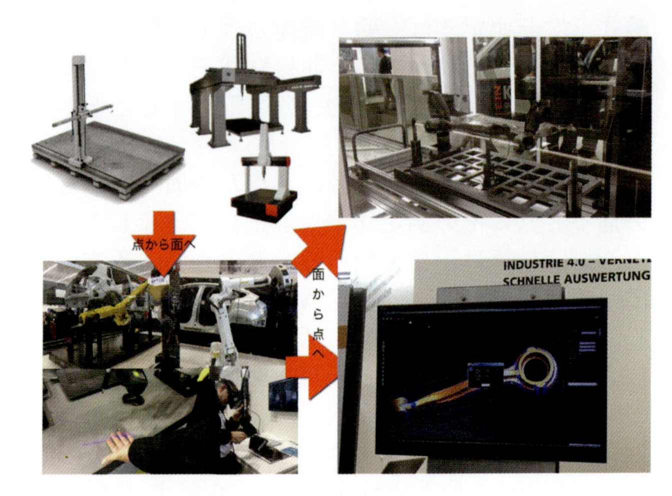

図７

おわりに

「測定」と「計測」の違いはご存知でしょうか？同じ言葉ように聞こえますが実は中身が異なります。「測定」は単に測ることを指します。長さを測る、面積を測る等、そのモノから三次元座標値を取得して、寸法を測ることです。一方「計測」は、測った数値を用いて解析を行ったり、傾向を見たりと言った数値から別のことを読み取ること、すなわち数値を分析して活きたデータにすることです。測定しただけでは、起きている現象や傾向を読み取ることはできません。なぜならここの数値はこうなっていると言うだけだからです。「測定」から「計測」に変えて、起きている現象や製品傾向を把握できれば、どのタイミングで部品修正をかければ良いか、製品がなぜ高品質な

図８

のかを自信を持って言えるようになります。

三次元計測技術は多くの生産品の中からNG品（不具合品）を見つけるためのモノではありません。皆様方が作り上げた製品は素晴らしいモノなのだと言うことを、数値を用いて証明するための技術です。OK品をOKと言う根拠を明確にする技術です。すでに活用している方もこれから活用される方も、この技術を初めて知った方も、三次元計測技術を有効に活用していただき、御社の製品品質の更なる向上の一助になれば幸甚です。

【筆者紹介】

青柳 祐司
（一社）三次元スキャンテクノロジー協会
代表理事
〒222-0033
神奈川県横浜市港北区新横浜2-17-19
HF新横浜ビルディング4F（エーアイシー㈱内）
TEL：050-5240-8774
E-mail：info@3dst.org

＜主なる業務歴＞
日産自動車㈱計測技術部出身で三次元計測のトレーナーとしてグローバル展開を行うとともに3Dスキャンを様々業務へ適用すべく技術開発を行っていた。退職後、会社の垣根を越えて様々な業界や企業と交流をしているうちに、自分では当たり前であった3Dスキャンが使い切れていない実情を知り、自身が持つスキルで社会に貢献できると思い3Dデータのコンサルタントを始め、現在に至る。

Keyword		
	スキャンクオリティ	スキャンデータ自体の質を指す（ポイントクラウドの厚さ、ノイズ、パッチずれ等）
	スキャン	データを取得する行為
	ポイントクラウド（点群）	スキャンして取得したデータのこと
	ポリゴン（STL）	ポイントクラウドの点と点を線で繋ぎ三角形を作り、それに面を貼り付けたデータのこと、CADデータとは異なる。
	測定	ソフトウェア内でスキャンデータから寸法等の数値を算出すること
	エラーマップ	カラーマップやコンター表示等とも言われ、基準面に対して比較する面の違いを色で表現する手法
	計測	測定データから目的を持って本来必要な事柄を読み解くこと

ステレオ法による三次元計測手法

Three-dimensional measurement method by stereo method

㈱マイクロ・テクニカ
原田 恭嗣

はじめに

三次元あるいは3Dは、今やテレビ、映画やゲーム機では当たり前になり、最近では三次元プリンタという商品も一般にもよく知られてきています。

一言で三次元計測と言っても色々な手法がありますが、その中でもステレオカメラを使った三次元計測はすでに多くの分野で応用されている実績のある方式です。

本稿では、ステレオ法による三次元の計測についてその手法や課題、事例を紹介します。

ステレオ法の基本原理

ステレオ法は、二つ以上のカメラを使い、三角測量の原理で三次元計測を行う方式で、人間の認識も同様の原理であるためわかりやすく古くから研究されている方式です。また、カメラとレンズという比較的入手しやすいデバイスで構成できる特徴があります。

ステレオ法の基本原理では、２台のカメラで撮影した左右の画像上で対応点が分かっていれば、三次元座標Ｐ(x、y、z)を求めることができます（図１）。

ステレオカメラによる三次元座標の算出

ステレオ法により三次元座標を算出するための基本的な手順は以下の通りです。

(1)カメラキャリブレーション

ステレオカメラで使用するレンズ特性とカメラ位

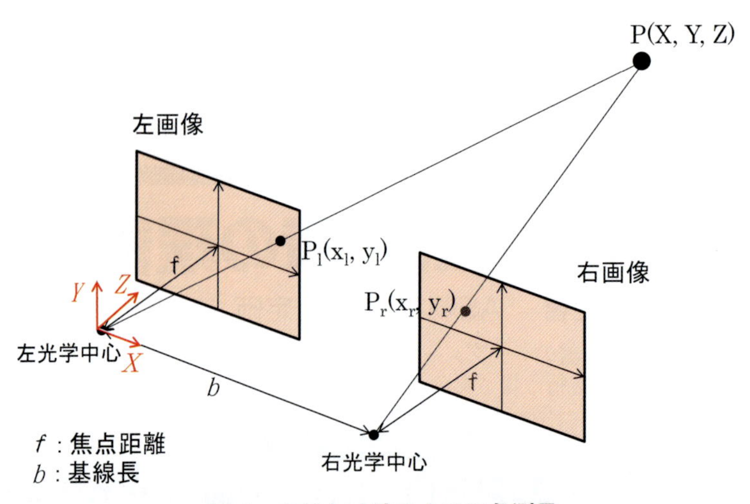

図１　ステレオ法による三角測量

置を算出します。

(2)対応点算出

左カメラで撮影された画像の、ある特定の座標が右カメラの画像のどの座標に対応するかを算出します。

(3)三次元座標計算

カメラキャリブレーションの値と対応点の座標を使用して三角測量の原理で三次元座標を計算します。

ステレオ法の特徴と課題

ステレオ法では、カメラとレンズのみで構成することができ、可動部もないため信頼性が高い装置を構成することができます。ただ対象物に明確な特徴がないと対応点計算ができないので、計測物によっては、他の光源と組み合わせる必要があります。

ステレオ法の三次元画像計測の分解能は、平面方向の画素分解能が撮影距離に比例するのに対して、奥行き方向画素分解能は、撮影距離の二乗に比例し、カメラ間距離（基線長）に反比例するので、奥行き方向の誤差をより小さくするための工夫が重要です。

そのための一つの方法は、カメラ間の距離を大きくすることですが、基線長が長いステレオカメラは外形が大きく重くなるというデメリットが生じます。

さらに重要な問題点は、カメラ間距離が大きくなると左右のカメラの見え方が異なり、場合によっては計測する点が右のカメラからは見えるが、左のカメラでは見えないということが起こります。これはオクルージョン問題と呼ばれており、マルチカメラなどいくつかの改善案が考案されていますが、２台のカメラで構成する場合は撮影距離と要求精度に応じて、基線長を最適化する設計が必要となります（図２）。

図２　ステレオカメラ　基線長400 mmと200mm

用途例

ステレオ方式による三次元計測装置の実用化に対しては、対象物や要求される精度を考慮して最適な手法を選ぶことが重要です。

装置の構成としては、２台のカメラのみのものから、特徴点を付けるために縞パターンの照明を投影したもの、ランダムドットパターンを投影したもの、ラインレーザを使ったものなど、対象物、目的によっていろいろな手法があります。

ステレオカメラとその応用例（図３）

２台のカメラで構成されたステレオカメラは、特徴となる模様が多い対象物に向きます。したがって表面に模様のない滑らかな物体、たとえば白壁のようなものは計測できません。

図３　ステレオカメラ

この例ではステレオカメラでコンクリートの剥離部を撮影（図４、図５）、その深さや容積を求めています（図６）。

コンクリートは特徴となる模様が多く、対応点の計算が比較的容易な材質です。砂や瓦礫などの建設分野でも応用が可能です。

ステレオカメラ＋ラインレーザによる応用例１（図７）

対象物に特徴となる模様が少ない場合は対応点の

〔建造物のコンクリートの剥離検査〕

図４　計測対象（コンクリートの柱）

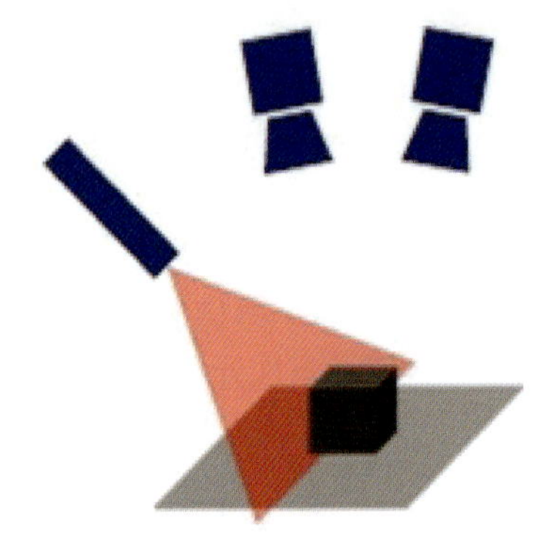

図７　ステレオカメラ＋ラインレーザ

図５　左右のカメラ画像

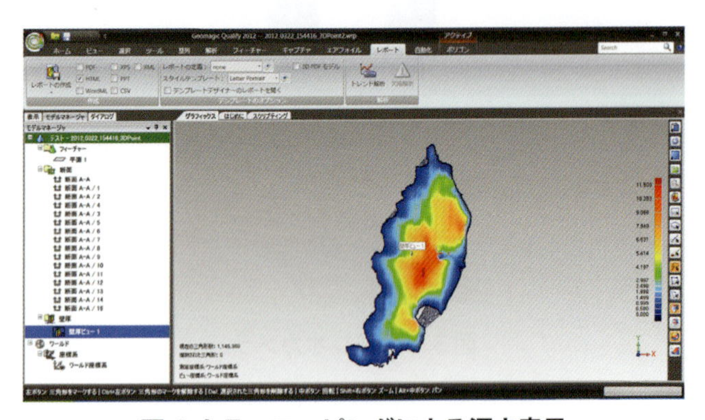

図６ カラーマッピングによる深さ表示

〔溶接ビード検査〕

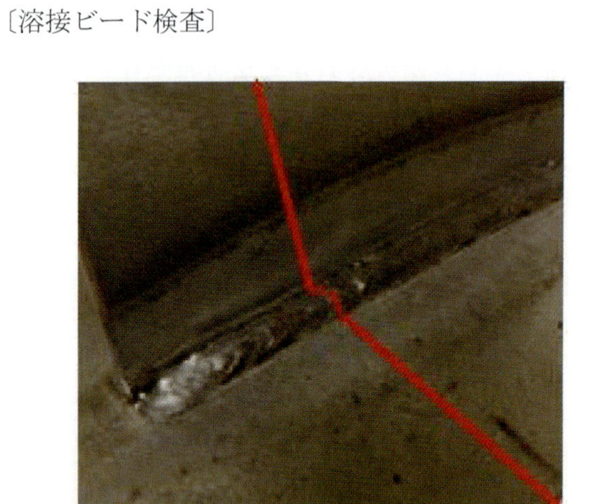

図８　溶接ビード部

図９　溶接ビードの断面

計算が難しくなります。そのような場合、補助光としてラインレーザを当て、そのレーザの当たった部分の三次元座標をステレオカメラで計測し点群を取得する方法です。

金属表面は特徴となる模様が少ないが、レーザにより溶接のビードの盛り上がっている部分（図８）の断面が計測できています（図９）。

ステレオカメラ＋ラインレーザによる応用例２（図10）

レーザラインをガルバノミラーなどで動かすことにより、全体の三次元データを点群として取得することができます。

物流で使われるパレットやカーゴボックスに積まれた段ボールの位置を計測する例です（図11）。

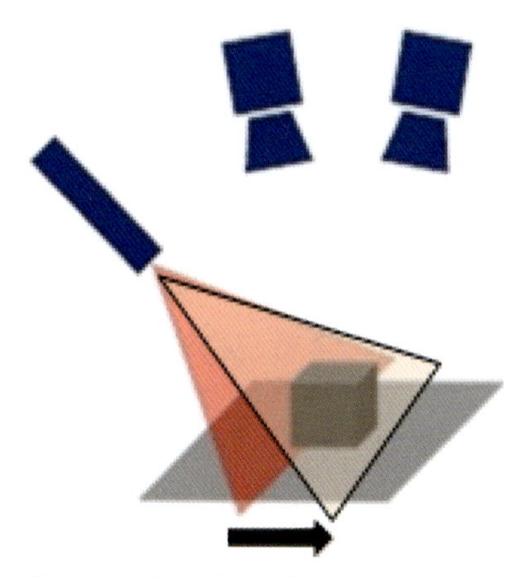

図10　ステレオカメラ＋ラインレーザ

〔段ボールの認識〕

図11　積み上げられた段ボール

事前に箱の大きさを登録することなく、一番上に積まれている段ボールの座標を計測し、その座標をロボットに知らせ自動でピッキングを行います。

大きさの異なる段ボールが混在していても、正確に一番高い箱を認識できます。

ステレオカメラ＋縞パターン投影による応用例（図12）

対象物に特徴となる模様が少ない場合、縞パターンを投影してステレオカメラで三次元座標を取得する方法です。この方式はホワイトライト方式とも呼ばれ、高精度の非接触式三次元計測機にも使われている手法です。

小さい部品が積み重なっているバラ積みピッキングの例です（図13）。部品の寸法の計測だけでなく、重心位置、向きなどを求めることができ、品種判別、ロボットによるピッキングなどの用途があります。

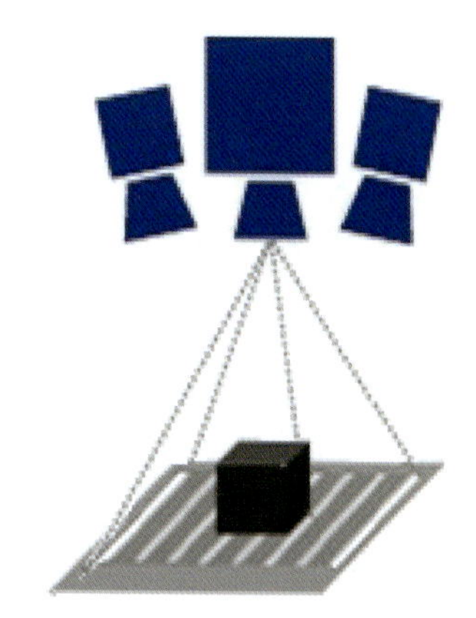

図12　ステレオカメラ＋縞パターン投影

〔小さい部品のピッキング〕

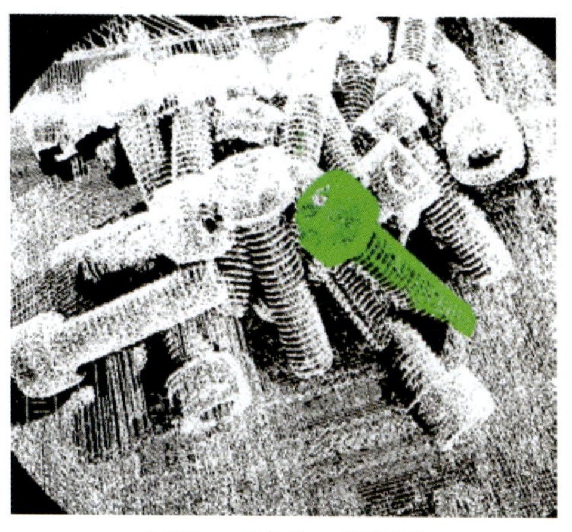

図13　ボルトの認識例

ステレオカメラ＋ランダムドットパターン投影による応用例

縞模様の代わりにランダムドットパターンを投影してステレオカメラで三次元座標を取得する方式です（図14、図15）。計測精度は投影するパターンによりますが、比較的大きめの部品の場合は、この点群から部品の形状や位置を認識させることが可能です。

ランダムドットパターンのプロジェクタは装置が小型で比較的安価にシステムを組むことが可能ですので、今後ピッキング用途に多く使われるでしょう（図16）。

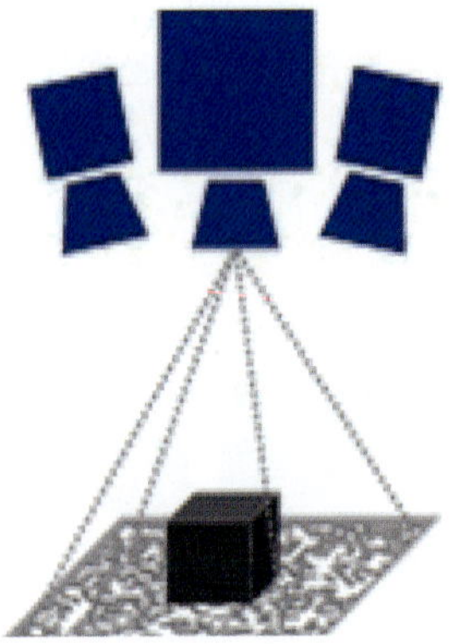

図14　ステレオカメラ＋ランダムドットパターン投影

〔大きめの部品の認識、ピッキング〕

図15　ランダムドットパターン

図16　ドイツiDS社製ステレオカメラ　Ensenso N-35

おわりに

ステレオ法による三次元計測はすでに多くの実施例のある実用化された技術です。ステレオ法には課題もありますが利点も多く、現在も多くの研究もなされており技術的にも進歩しています。また三次元の物体認識技術の進歩により、複雑な形状の認識も可能になりました。

今後、ステレオ法による三次元計測技術は物体認識技術とともに、物流や建築、また工場の自動化といった分野で利用されることが期待されます。

<参考文献>

(1) 松山隆司，久野義徳，井宮淳：コンピュータビジョン―技術評論と将来展望，新技術コミュニケーションズ（1998）
(2) 泉哲也：ステレオカメラを用いた三次元位置計測と応用例，画像ラボ，2012年4月号別冊，日本工業出版

【筆者紹介】

原田 恭嗣
㈱マイクロ・テクニカ
第二営業部 システム３部 システム技術６課
〒170-0013　東京都豊島区東池袋3-12-2　山上ビル
TEL：03-3986-3143　FAX：03-3986-2553
E-mail：3sales@microtechnica.co.jp
http://www.microtechnica.jp

Gz1710-05

光切断法

Laser-based Triangulation Method

「成功する人」と「失敗する人」

ジック(株)
坪井 勇政

はじめに

3Dマシンビジョン構築で利用される三次元計測には様々な原理が存在します。どの計測原理にも一長一短があり、ユーザは目的に応じて、正しい方式を選択しなければなりません。その中の一つである光切断法は、一般的に高精細で、高速スキャンに適していると言われています。光切断法は、原理が単純であるにもかかわらず、幅広い分野で実際に使用されています。光切断法は、なぜ他の三次元計測手法に比べ数多く採用され、実稼働に適しているのでしょうか。本稿にて詳しく計測原理を説明し、その特徴を紹介します。

さらに、著者は3Dマシンビジョンの業界に携わるなか、「成功する人」と「失敗する人」を見てきました。この違いはどこにあるのか、共通する要因を著者なりに整理したので、述べさせていただきたいと思います。最後に、光切断法における最新技術と応用事例を紹介します。

原理

光切断法は対象物に投影されたスリット光が、対象物の形状に合わせて変化することを利用して計測する手法です。本手法には、エリアカメラとスリット光を投影するためのプロジェクタが必要となります。プロジェクタには、高い光出力を確保でき、線幅の細いスリット光が投影できる半導体レーザが使用されることが多くなってきました。

一般的に図１のように、対象物がレーザスリット光を横切るように移動し、プロジェクタと異なる角度で斜め上からカメラで撮像します。カメラの撮像素子（エリアセンサ）の横方向が、対象物の幅（X軸）を、エリアセンサの縦方向が対象物の高さ（Z軸）を計測することになります。このとき、対象物移動方向がY軸となります。撮像された画像から、スリット光の形状のみを抜き出すことで、プロファイルを生成できます。

スリット光は、環境照明よりも、照度が高いものを使用することが原則であるため、エリアセンサに結像された輝度の高い画素に基づき、容易に形状を抜き出すことができます。具体的には、画素の各列に注目し、どこの位置にスリット光が結像されるかで、高さの値を決定します。M×N画素のエリアセンサであれば、M個の高さの値をもつプロファイルとして取得できます（図２）。

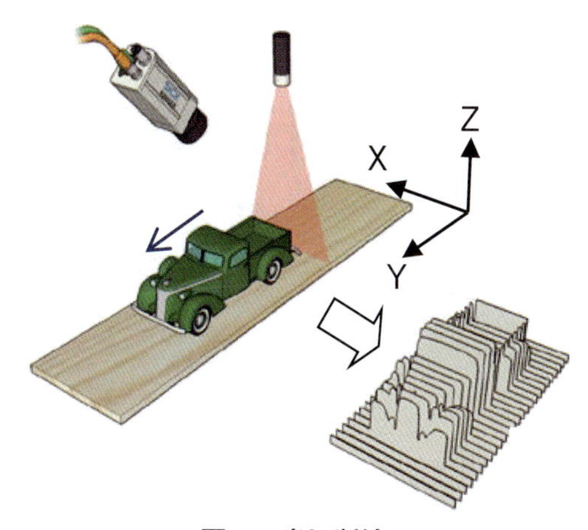

図１　光切断法

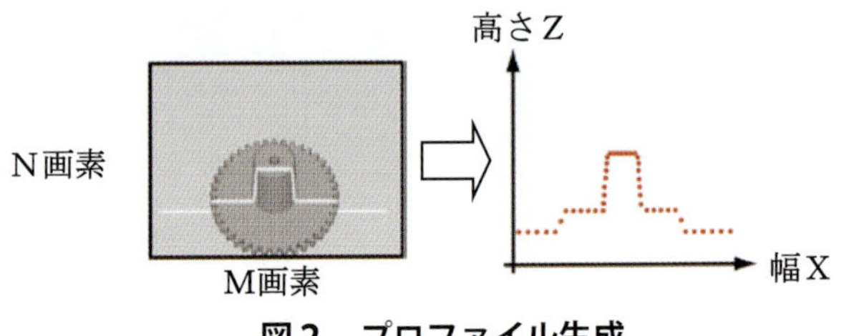

図2　プロファイル生成

プロファイルはX座標とZ座標のみを持ったデータの集合なので、対象物がスリット光を通過する間、連続的にプロファイルを取得することで、はじめてY座標が求められます。図3は、タイヤの側面を計測した時の三次元データです。取得プロファイルを上から順番に並べて、高さの値に白黒濃淡をつけた三次元画像になっています（距離画像)。図3のような濃淡画像からでは、凹凸を感覚的に理解することは難しいため、距離画像を3Dグラフィクで表現したものを図4に示します。タイヤの黒い下地にある黒い浮き文字が、はっきりと計測できていることが分かります。

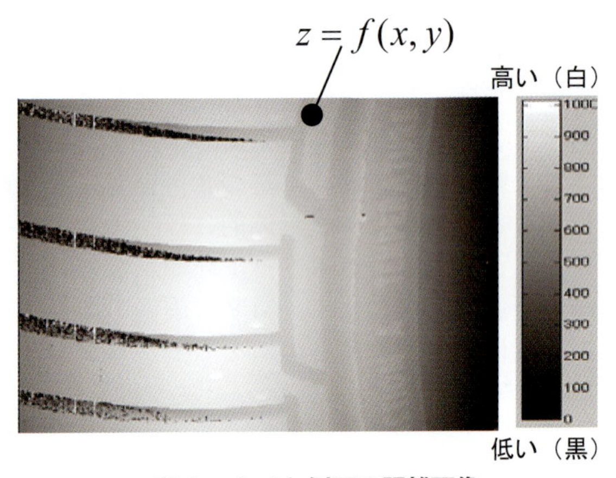

図3　タイヤ側面の距離画像

図4　タイヤ側面の3Dグラフィック

分解能

撮像画像は画素単位の値になっているので、対象物の寸法を測定するような目的ではそのまま使用することができません。分解能（1画像に割り当てられた実距離）を求めれば、画素をミリメートルやメートル単位に変換することができます。分解能はプロジェクタとカメラの間の位置関係と、カメラ視野により決定されます。XY平面に対して鉛直方向を基準に、カメラをα、レーザをβ傾けます（図5)。傾ける角度が大きいほどカメラから見えるスリット光の高さ方向の変化は大きくなるので、高さ分解能が上がります。しかしながら、オクリュージョン領域が増大するデメリットもあります。$\beta=0°$、$30° < \alpha < 40°$にして使用することが一般的です。

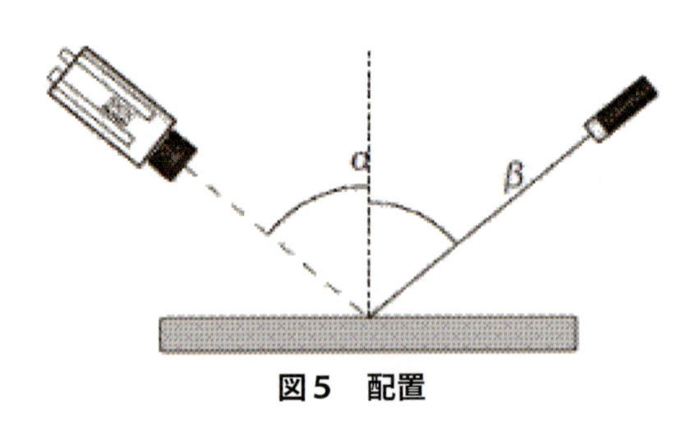

図5　配置

X軸方向の分解能ΔXは、幅方向のカメラ視野Fを画素数Mで割ることで、

$$\Delta X = \frac{F}{M} \quad \cdots (1)$$

のように求められます。

Z軸方向の分解能ΔZは、

$$\Delta Z \approx \frac{\cos\beta}{\sin(\alpha+\beta)} \Delta X \quad \cdots (2)$$

で求められます。

Y方向の分解能 ΔYは1プロファイルを取得する間隔です。対象物を運搬する搬送機からの、移動距離に

応じた同期信号に基づいて撮像することで、一定の間隔でプロファイルが取得されます。或いは、同期信号を使用せず、対象物が一定速度vで搬送され、等時間間隔CTで撮像した場合、

$$\Delta Y = v \times CT \quad \cdots (3)$$

のように求められます。

「成功する人」「失敗する人」

3Dマシンビジョンの構築を試みるとき、最初に実現性のある測定器（ハードウェア）の機種選定を行います。選定するポイントは、「性能」「価格」、「使い易さ」の三つのポイントを満たすかどうかで決定されることが多いのです。特に性能を評価する上で、頻繁に起きやすい問題について、ここで指摘します。

性能において注目すべきは、測定視野、スキャンレート、分解能、精度です。ただし、データシートから得られる値は代表値であることが多く、全ての対象物にデータシートの値を適用できるとは限りません。特に、繰り返し精度、スキャンレートは、対象物の大きさ、材質により異なります。これは、光切断法がカメラを用いた光学的な計測機器であることから、露光時間や対象物に反射した光の状態が影響するからです。この問題の対処方法は一つではなく、状況に応じて様々な方法が考えられます。

実例紹介

タイヤ業界の生産ラインでは、最終外観検査でタイヤの表面の形状を測定する工程があります。表面の傷やタイヤ側面にある浮き文字に誤字がないかチェックするためです。そのため、タイヤ表面形状を光切断法により測定します。

図６（上）は測定した3Dグラフィックです。タイヤはレーザ光を吸収するため、カメラに返ってくる光の反射が弱くなり、データ欠損が多くみられます。しかし、光学的な工夫を施すことにより、同じ計測条件の下でデータのクオリティを飛躍的に上げることができます（図６（下））。このようなデータの差は、その後の画像処理アルゴリズムの開発負荷を軽減してくれるだけでなく、アプリケーションの実現性を高めることができます。

図６　タイヤ測定

「失敗する人」の多くは、製品のデータシートのみで機種選定をする傾向があります。選定前に、サプライヤから計測器は借用するのですが、時間的な制約から十分な試験ができずに、納期を最優先してしまっているケースが見受けられます。

「成功する人」は、サプライヤにアプリケーションの内容と、現場の条件、外部環境を正確に伝えます。サプライヤは光切断法を十分熟知しており、個別の計測対象物がもつ問題を指摘します。そして、条件に従い評価試験を行い、最適な機種と最適な構成を提案します。この時、何らかのリスクが予測できれば、サプライヤはしっかりと伝えなければなりません。また、サプライヤは豊富な3Dマシンビジョンの販売実績と新技術開発の経験があり、多種多様な製品を提供できることが望ましいです。ユーザに最も適した、最新の製品を提供できるからです。

最新技術紹介

光切断法で最も問題となっていたのがスキャニング速度でした。三次元計測では膨大のデータを扱う必要があるため、市販の演算ユニットでは現場で要求されるスピードに全く追いつけませんでした。

一方、幸いなことに膨大なデータ群にある距離を計測するための情報はそれほど多くありません。カメラの中で必要な情報のみを瞬時に抜き出し、距離を計測できる3Dカメラがあれば、高速に三次元計測が実現できます。このイノベーションは3Dマシンビジョンの実現性を飛躍的に高め、業界を急速に発展させました。今では、光学技術の発展と高解像度のCMOSセンサが開発され、高分解能で全数三次元検査が当たり前のように行えるようになっています。

インテリジェントCMOSセンサ

当社は演算処理を搭載したインテリジェントCMOSセンサを開発しました。(図7)。マルチスキャンはこのCOMSチップ上で実現しています。インテリジェントCMOSセンサにはCMOSセンサ、A/Dコンバータ、および、画像処理が行える演算機構が同じ半導体チップに配列されています。この技術はSIMD (Single Instruction Multiple Data) アークテクチャに基づいており、1536ラインの並列処理を可能としています。より高いダイナミックレンジとノイズ軽減に成功し、高精度でロバストな計測が実現できます。

図7　インテリジェントCMOSセンサ

3Dカメラ

当社製品群は、あらゆるお客様のために、多様な3Dマシンビジョン（光切断法）製品をラインナップしています。図8はそれらの製品群の性能と価格を表したものです。その他、カメラだけでなく、適切な光学系、

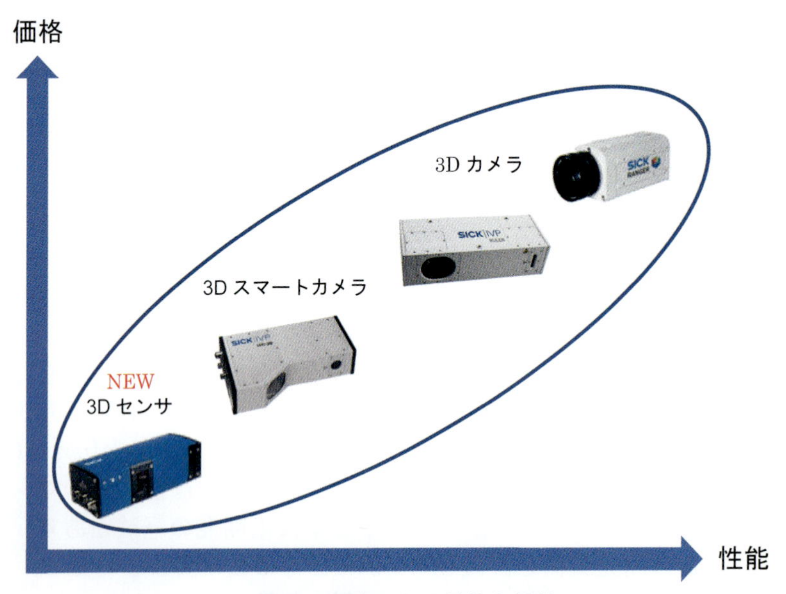

図8　製品ごとの性能と価格

検査アルゴリズム、アプリケーションソフトウェア、インタフェースも提供しています。お客様のリスクと工数を最小にし、導入後の高い稼働率を実現しています。

3Dセンサ「TriSpector」

「TriSpector」は誰でも簡単にマウスだけで設定が可能です。低価格かつ最速で3Dマシンビジョン構築ができます。付属の専用ソフトウェアで直感的に操作ができます。

3Dスマートカメラ「IVC-3D」

3Dデータ取得と分析、そして結果まですべてこの一台でできます（オールインワン）。インタフェースにはイーサーネット、シリアル通信、デジタル出力をもっており、容易にPCやPLCに計測データや結果を出力できます。

3Dカメラ「Ranger」、「Ruler」

世界最速で三次元画像を取得可能です。独自開発のCMOSイメージセンサを搭載し、三次元計測だけでなく、カラー画像も同時に取得できます。

応用事例：荷物重なり検知システム

当社では、荷物の重なりを判別することができる「荷物重なり検知システム」を開発しました。近年、インターネット通販の業界が急速に拡大しており、それに伴い、物流業界で扱う荷物の量はすさまじい勢いで増加しています。通常荷物一つ一つに、バーコードラベル（伝票）が貼付され、各バーコードは行き先にひも付けされます。荷物が集積されるロジスティックセンタでは、バーコードリーダが搬送中の荷物のバーコード読み取り、リアルタイムで自動認識します。読み取った行き先に応じて、自動で振り分けられる仕組みになっています。仮に、読み取りに失敗すると、意図しない行き先に荷物が運ばれてしまうことがあります。例えば，荷物同士が重なってしまうとき、どちらかのバーコードが見えなくなってしまうからです。さらに薄物と呼ばれる封筒などが、重なり合えば、一つ一つの荷物を機械的に分離することは極めて難しくなります。このようなことが起きれば、誤配送による配送遅延を招きかねません。

「荷物重なり検知システム」はコンベアで搬送中の荷物の重なりの有無を判断することができます。バーコードリーダがバーコードを読み取る前に判断し、もし重なっていれば事前にシュートアウトします。3DスマートカメラであるIVC-3Dはコンベア上で搬送されるすべての荷物の三次元形状を取得します。封筒等の薄物をも計測対象とし、数ミリ以下の高さまで計測可能です。

図９（左）は重なった荷物の例です。図９（右）は測定した3Dグラフィックと判定結果の表示例です。特殊なアルゴリズムにより荷物一つ一つを認識し、荷物の数をカウントします。判定結果は、荷物が一つであれば“Single”と表示し、二つ以上であれば“Double”と表示します。

図10にそのシステムの構成図を示します。判定結果はEthernet/RS485/DIOを通じて、シュートアウトするコントローラ（PLC）に送信されます。「荷物重な

重なった荷物　　判定表示

図９　重なり検知

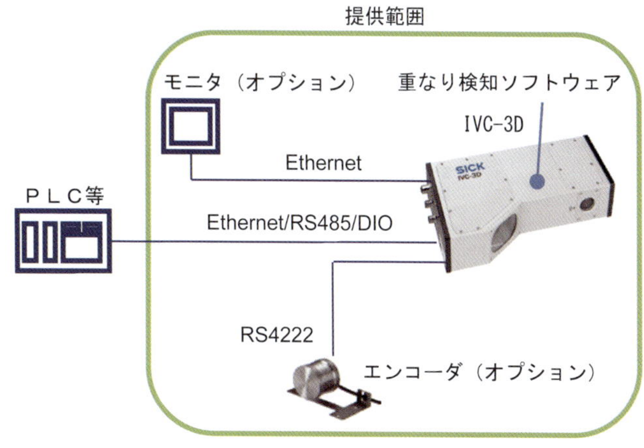

図10　荷物重なり検知システム構成図

り検知システム」は、三次元形状を判別基準に利用する事で、色情報だけでは判別しづらい荷物に対して極めて有効に働きます。

おわりに

本稿では、光切断法の基本的な原理と、著者の経験に基づいた「成功する人」と「失敗する人」の違いを述べさせて頂きました。さらに、最新のテクノロジと、具体的な応用事例を紹介しました。光切断法は応用範囲の広い三次元計測手法です。今後、光学技術の発展に伴い、性能は確実に向上すると期待されています。

「成功する人」は常に最新動向について学び、適切なアプローチが求められます。本稿が3Dマシンビジョンの構築を考えている読者と、3Dマシンビジョンのさらなる発展に、少しでもお役に立てれば幸いです。

【筆者紹介】
坪井 勇政
ジック㈱　ビジョンソリューションセンタ
〒160-0022　東京都新宿区新宿5-8-8
TEL：03-3358-1341　FAX：03-3358-9048
E-mail：support@sick.jp
http://www.sick.jp（ジック）
http://www.3dmachinevision.jp（3Dマシンビジョン）

Keyword		
	対象物	計測する物体。
	オクリュージョン	死角となり測定できない領域。
	プロファイル	断面の輪郭形状。
	同期信号	エンコーダなどからの出力信号。移動量に応じた信号。
	スキャンレート	一秒間に計測するプロファイル数。
	露光時間	撮像するために撮像素子が露出する時間。シャッタースピード。

白色干渉法の計測メカニズムおよび産業用途への適用

㈱リンクス
富田 康幸

はじめに

白色干渉法とは、光路差により発生する干渉縞を捉えることで対象物の表面形状や断層情報を求めるものです。非常に高精度な計測を可能としているこの計測手法は、古くから眼底検査などのOCTや、加工表面の粗さ計測などで活用されてきました。近年では様々な高速化の手法が生み出されており、電子部品やガラスなどの精密計測など産業用途においても活躍の場を広げています。本稿では、白色干渉法の基本原理に関して詳細に解説するとともに、その特徴・適用例を紹介します。

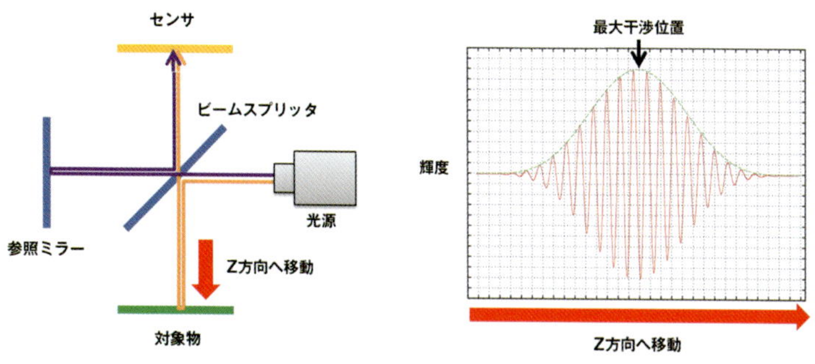

図１　白色干渉計の基本構成

干渉法の基本原理

白色干渉法による高さ計測のメカニズム

白色干渉法では、光源から照射した光をビームスプリッタにより二分し、一方は対象物に、もう一方は参照ミラーに反射して返ってきた光をセンサにより捉えます。この二つの光路長が同じ値に近づくとき、光の干渉が発生し、輝度が周期をもって振幅が大きく振れます。この光が最も強め合うポイントが対象物までの距離を正確に表すことになります。センサと対象物の距離を変化させる（計測デバイスを動かす）か、参照ミラーの位置を変化させることで、二つの光路長が等しくなるポイントを探索することで高さ計測を可能としています。

ではなぜ光が干渉し、そのピークを求めることで高さ計測が可能となるでしょうか。干渉のメカニズムを理解しやすくするために、まずは仮に光源として単波長のレーザーを使用した場合を考えます。

センサに入光する二つの光は、光の性質により同位相の時には強めあい、反位相の際には相殺しあうことになります。この位相差は“対象物とビームスプリッタ間の距離”と“参照ミラーとビームスプリッタ間の距離”の差によって決定され、干渉計ではこのどちらかの距離を変更しながらその反応を観測することになります。

例として、この二つの光路長が使用する光源の波長に対してちょうど半波長分ずれたときを考えます。この場合、試面では半波長の位相ずれが発生し、さらに戻ってきた光がセンサに入光する際には１波長分ずれることになります。これはすなわち同位相であり、２分光された光同士が強めあうことになります。

また、光路長差が1／4波長の際には、センサ上では半波長ずれることになり、二つの光は相殺しあうことになります。上記は波長の各整数倍のときにも同様のことが言えるため、結果として光源の半波長分距離がＺ方向に移動するごとに周期的に光が強めあうことになります。よって、干渉計では使用する光源の半波長の周期で干渉が発生することになります。

干渉の周期が光源の半波長になることを理解しやすくするために光源として単波長のケースを説明しましたが、単波長の光源では、上記のように干渉こそ発生するが一様な強度で干渉を繰り返すことになります。ごく狭い走査レンジでの高低差を求めることはできますが、絶対位置を求めることはできません。

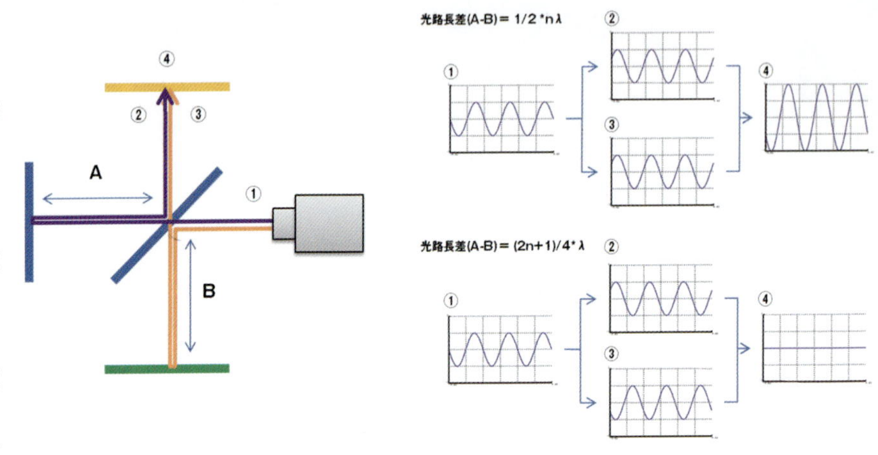

図２　光の干渉

そのため、実際には白色干渉計では単波長の光源が使われることはなく、広いスペクトルを持った光源が使用されます。例えば635nmをピーク波長として持つ赤色LEDを光源に使用した場合、上記の議論から317.5nmを周期として持つ干渉が発生することになります。しかしながら、単波長の光源ではなくスペクトルを持つ光源を使用することで、その周辺の波長においても同様の干渉が発生することになります。光が強めあう位置は波長ごとに異なりますが、唯一、光路長差が０のとき（つまり図２でＡとＢの距離が等しい時）には全ての波長において必ず強めあうことになります。反応強度はこれらすべての干渉の重ねあわせとして得られるため、Ｚ方向に走査した際には結果として“対象物とビームスプリッタ間の距離”と“参照ミラーとビームスプリッタ間の距離”が全く等しいときにピークを持ち、この位置から離れると干渉縞が消えていきます。そのため、得られる輝度包絡線のピークを求めることで対象試面までの距離を計測することが可能となります。

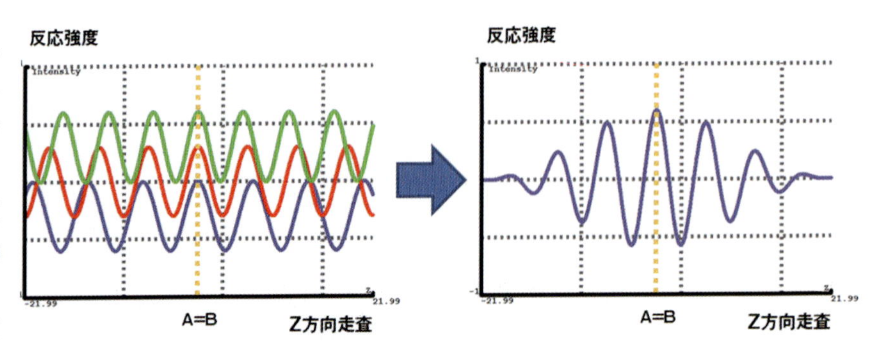

図３　異なる波長同士の干渉により生成されるピークを持った干渉波形

白色干渉計で観測される画像のイメージを図４に示します。傾きを持った平面を撮像した場合には、等間隔の干渉縞が現れます。Ｚ方向に走査することでピーク輝度値を持つ干渉縞の位置が平行遷移します。球体を撮像した場合には、環状の干渉縞が観測されます。Ｚ方向に走査することでピーク輝度値を持つ干渉縞の位置が放射方向に遷移します。これらの干渉縞の周期は前述の通り光源の半波長分となるため、例えば635nmの光源を使用したとすると干渉縞のピーク間で317.5nmの高低差があることになります。

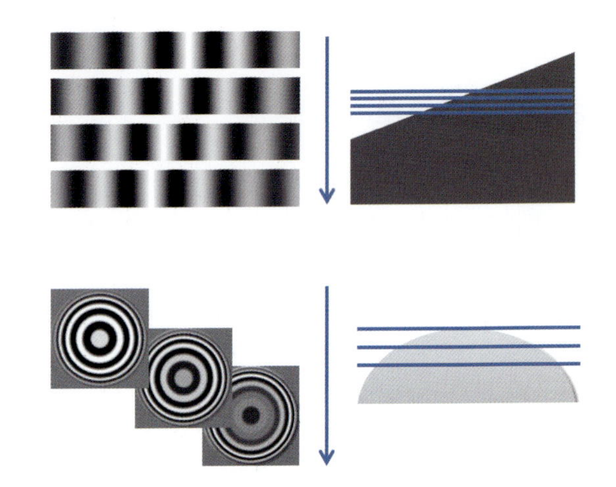
図４　平面の干渉波形（上）／球面の干渉波形（下）

光源による影響

光源は白色干渉計の性能を決める重要な要素となります。光源としてはLEDの他、ハロゲンやSLD（スーパールミネッセントダイオード）などが用いられますが、これらの主な指標としてピーク波長と帯域が挙げられます。これらに加えて、近年の干渉計の高速化に伴い、光量も重要な一つの要素に考えられるようになってきました。

(1)ピーク波長

前述の通り、干渉縞の周期は光源の波長により決定され、光源の半波長が干渉周期となります。そのため、よりピーク波長の短い光源を使用することで干渉周期も短くなります。

(2)帯域

よりブロードなスペクトルを持つ光源を使用することで、光波同士が打ち消しあう成分が多くなるため、結果として得られる干渉波形はより鋭くピークを持つようになります。ピークが鋭いほど分解能が高くなり、離接する二つの層を分離しやすくなります。

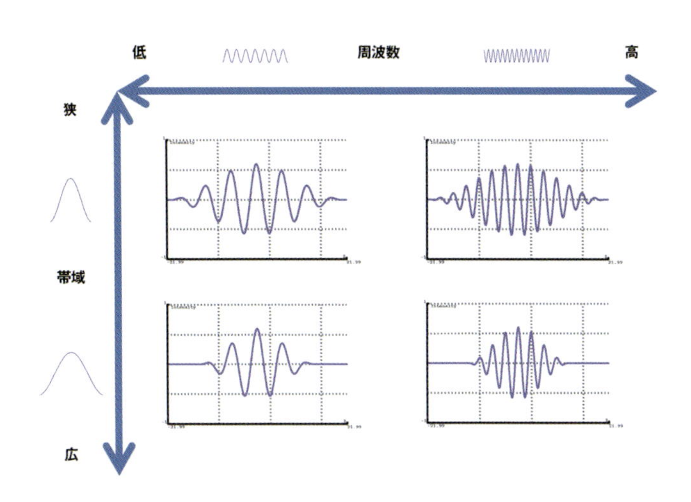

図5　光源の波長／帯域と干渉波形の相関

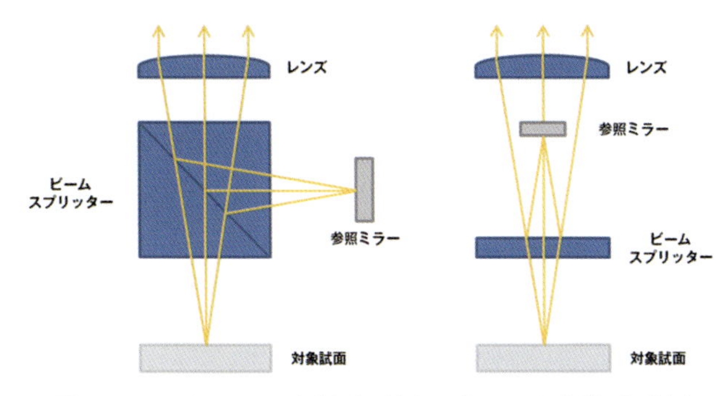

図6　マイケルソン光学系（左）／ミラウ光学系（右）

干渉法に用いられる代表的な光学系

干渉計に用いられる代表的な光学系としてマイケルソン光学系とミラウ光学系の二つが挙げられます。各光学系の概要図を図6に示します。マイケルソン光学系はWDがある程度取れる10倍以下の低倍率で使用されるのに対し、ミラウ光学系はレンズを小型に設計でき、50～100倍程度までの高倍率で使用されます。

白色干渉計の特徴

ステレオ／光切断／縞投影などの三角測量を原理とした三次元計測手法に比較した場合の特徴として下記が挙げられます。

(1)精度

干渉計では数ナノオーダでの計測が可能であり、三角測量に比べて非常に高精度な計測が可能です。

(2)視野

三角測量のような広い視野を確保することはできませんが、狭視野での計測に適した手法となっており、狭い範囲を高精細に見るのに用いられます。

(3)計測時間

センサ対象物（もしくは参照ミラー）間を走査方向に微小に変動させながら大量の画像を撮像し、それら大量の画像を使用してピークを求める処理を行うため、非常に時間のかかる手法です。走査レンジにもよりますが数秒～数十秒オーダでのタクトを要します。様々な高速化の手法が提案されており、近年ではインライン用途で使用可能なデバイスも見られるようになってきました。

(4)対振動

高精度な計測を行うためには走査の間に対象物が振動してしまうのは望ましくありません。しかしながら前述の通り長いタクトを要するため、その間に振動を抑えるような機構は比較的大がかりなものになります。

(5)対象物

ダイナミックレンジが広く、異なる反射率を持つ試面を一視野で計測することが可能です。またガラスなどの透明体や反射率の非常に高い金属も計測可能であり、適用範囲の広い技術となっています。

一方、同程度の精度を持つ触診式の計測機と比較すると下記のような特徴が挙げられます。

(1)面を一括でとらえられる

触診式は針で対象物に触れながらの計測となりますが、干渉計ではエリアセンサのように視野範囲を一括で計測できるため、触診式と比べて高速な計測が可能です。素材を傷つけないというのももちろん一つの特徴です。

(2)計測可能角度

白色干渉計では光学を原理としているため、反射光を捉える必要があります。角度がついた反射率の高い素材などは、拡散光をとらえられず計測が不可となります。

アプリケーション例

金属表面検査

加工された金属表面やウエハーの研磨面の粗さ計測など、高精度な測定を必要とされるアプリケーションに、古くから白色干渉計のような技術は用いられてきました。フラットであれば鏡面のような非常に高い反射率を持つ対象物でも計測が可能です。

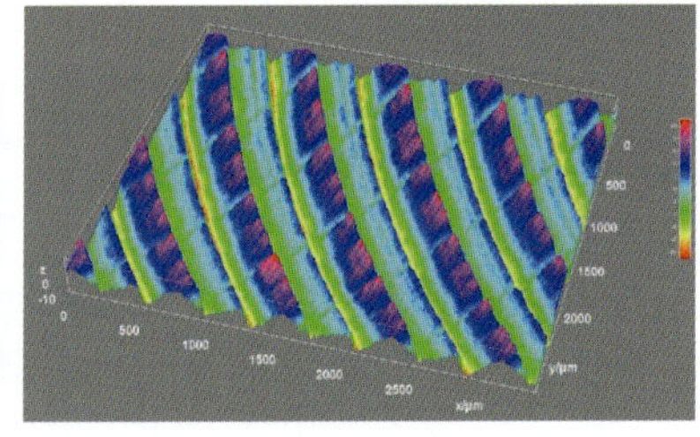

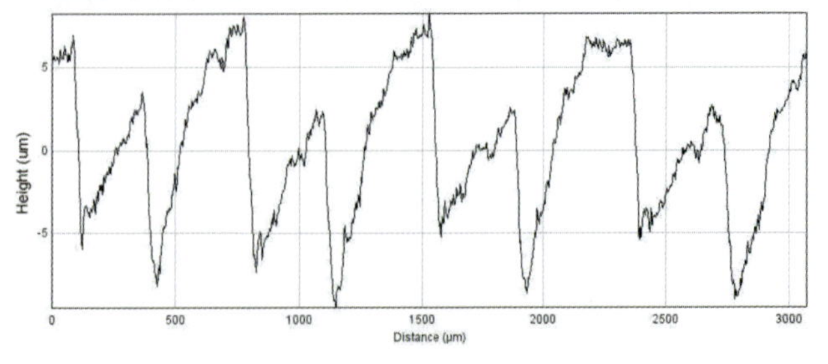

図7　加工金属表面の形状計測

電子部品

近年では白色干渉計をインラインで使用可能なほどに速度を高めたデバイスが見られるようになってきました。産業用途では電子部品のリードのコプラナリティ検査やBGAの高さ計測、パッケージのパターン検査など様々な要求が挙がってきています。

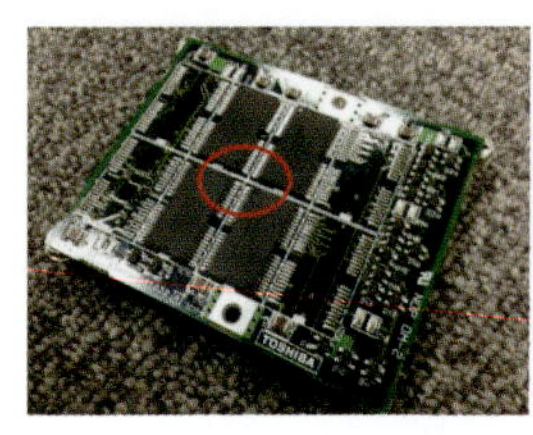

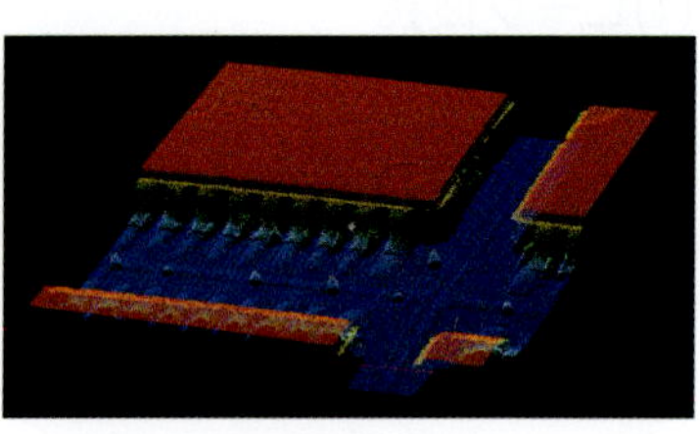

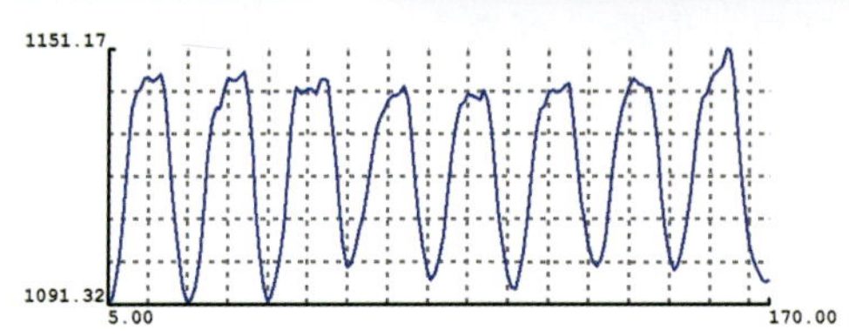

図8　リードのコプラナリティ検査

おわりに

本稿では、白色干渉法による高さ計測のメカニズムに関して詳細に解説するとともに、その特徴・適用例を紹介しました。白色干渉法は、非接触式で高精度な高さ計測が可能な手法として、リファレンスとして使用されるケースもある信頼性の高い技術です。従来は医療や工業分野でのオフライン用途で使用されてきた技術ではありますが、インライン用途への適用を実現するような技術革新が行われており、広く注目を集める技術となっています。今後も産業分野へのさらなる適用が期待されます。

【筆者紹介】

富田 康幸
㈱リンクス
TEL：045-979-0731　FAX：045-979-0732
〒225-0014　神奈川県横浜市青葉区荏田西1-13-11
E-mail：info@linx.jp
http://www.linx.jp/

Gz1710-04

高解像度Time-of-Flightカメラ

High-Resolution Time-of-Flight Cameras

Basler AG
Martin Gramatke

はじめに

解像度640×480ピクセル、フレームレート20fpsのBasler製ToFカメラを使用します。このカメラは、1秒間に610万か所の距離を測定可能で、解像度も向上しています。

測定方法の仕組みや測定の精度、関連する影響要素について説明する前に、まずはカメラの構造について紹介します。

カメラの構造

このホワイトペーパーで使用するToFカメラは、下記の部品で構成されています（図1）。

- 光源
- 光学部品
- センサー
- 制御ユニット
- 評価ユニット
- インターフェース

それでは、それぞれの部品についてより詳しく見ていきましょう。

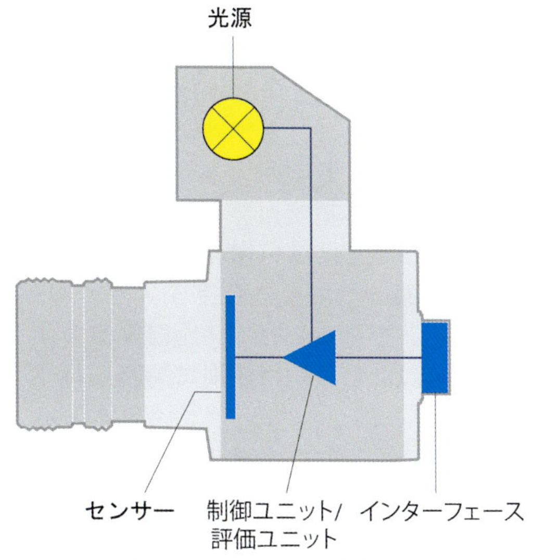

図1　ToFカメラの構成部品

光源

光源から測定面に向かって光が照射されると、それに合わせてレンズの絞りが開きます。物体面の反射性が低く、遠い距離にある場合でも、光源からは十分な光が照射されるようになっており、このことが露光時間の短縮とフレームレートの向上につながっています。また、光源は測定プロセスの中でも重要な役割を担っており、ToFカメラに内蔵された電子部品の高い技術によって制御されています。

撮影中は、何千回という頻度で光源のオン・オフが繰り返されます。一つの光パルスはわずか数ナノ秒しか持続しません。画像1枚当たりの光パルスの量は、露光時間の設定によって決まります。

測定の精度を上げるには、光パルスを正確に制御し、持続時間や立ち上り・立ち下り時間を同じにする必要があります。輝度プロファイルのキャリブレーションは、カメラ毎に独立して行われますが、わずか1ナノ秒の偏差でも、30cmもの測定誤差につながる場合があります。そこで、このような難しい作業には、光パルスを均一に照射できるという特性を持つLEDやレーザーダイオードが特に適しています。

また、不測の事態が発生した場合を含め、撮影範囲にいる人間の目の安全を確保する必要もあります。これについては、光線保護に関して認定を受けた試験機関からの専門家の協力を受けて検証を行うことにより、安全を確認しています。近赤外線は人間の目に見えず、気になるものではありませんが、基本的にすべての光スペクトルが測定対象となります。

光学部品

レンズは、物体表面から反射してセンサーに入ってきた光パルスを再構築します。物体面の空間座標に合うようにカメラ毎に幾何学的キャリブレーションが行われているため、焦点距離やピント、絞りを補正するために何度もキャリブレーションを行う必要はありません。

また、レンズの後ろ側に取り付けられたバンドパスフィルターは、カメラの光源の波長を持つ光のみを透過するため、邪魔な外来光によってセンサーに過度の露光が発生することを防止できます。

センサー

すべてのカメラにおいて、ToF測定専用に開発されたパナソニック社製の最新CCD画像センサーを使用しています。センサー上の電子シャッターは、膨大な数の光パルスに正確に反応し、入射光によってセンサー内に十分蓄電されるまで動作を続けます。蓄積した電子は、12ビットのADコンバーターによって読み出された後、評価ユニットに送られます。このプロセスでは、光照射とセンサーの読み出し速度が実質的なフレームレートになります。

カラーセンサーでToF測定を行う場合は、四つあるピクセルのうち、一つのみを使用し、残りの三つのピクセルはカラー画像の生成に利用します。センサーでは、ToF測定からカラー画像の撮影への切り替えを迅速に行いますがが、この二つの作業を同時に行うことはできません。

制御ユニット

カメラの電子制御ユニットは、連続する光パルスをトリガー信号として、センサーの電子シャッターを正確に開閉するほか、センサー内の電気信号を読み出して変換し、分析ユニットとデータインターフェースに送ります。この作業を行うためには、高性能なFPGAが必要となります。

評価ユニット

評価ユニットは、一つの読み出し回路からのデータを利用して、撮影対象物（測定点群）の強度プロファイルや距離画像、空間座標を正確に算出することができます。

強度プロファイルは、各ピクセルの輝度を16ビットの整数で表したものですが、ここで重要となるのがカメラに内蔵された光源の波長です。近赤外線光は人間の目には見えないため、物体に当たった後にどのように反射しているかを直接把握することはできません。また、近赤外線光は可視光線と大きく違うため、その強度プロファイルも人間が感じるものと多くの点で異なる可能性があります。

距離画像は、光の反射面とカメラとの間の距離をここでも１ピクセル当たり16ビットの整数で表します。厳密に言うと、これらの整数は光パルスが照射されてからセンサーに戻ってくるまでの移動時間を示したものであるため、光が移動中に遠回りや近道をした場合は影響が生じます。つまり、測定結果には必ず誤差が生じるのです。

距離画像は、赤、緑、青を８ビットの整数で表すことで、カラー画像として出力することもできます。カラーで出力することで、視覚的にも非常に分かりやすくなります。この時、近い面は赤く、遠い面は青くなります。モノクロであるかカラーであるかにかかわらず、距離画像では「オフセット」と「深度」のパラメーターを使用して色分けを行います。

信頼性チャートでは、１ピクセル当たり16ビットの整数で距離画像における誤差の大きさが分かるようになっています。数字が大きくなるほど、そのピクセルの測定結果の精度が悪いことを表します。例えば、物体面が非常に暗い場合やピクセルに対して過度の露光があった場合は数字が大きくなります。信頼性チャートを見ることで、距離画像の測定値の信頼性を考慮した上で、用途別に調整を行うことができます。

測定点群は、一つのピクセル当たり三つの32ビット浮動小数点数で構成されています。これらの測定点は、反射面の空間座標を直交座標系で表したもので、表示単位はmmです。これらの値を正確に算出するために、工場ではカメラの幾何学的キャリブレーションを個別に行っています。信頼性の低いピクセルは信頼性チャートでの値が高くなり、距離がNullまたはNaN（非数）と表示されます。信頼性の閾値は調整可能です。

インターフェース

Basler製ToFカメラには、インターフェースとしてGigabit Ethernetが搭載されているため、手頃な価格の一般的なケーブルが使用可能なほか、どんな種類のホストコンピューターでも、またコンピューターが遠い距離にある場合でも直接接続することができます。通信プロトコルであるGigE VisionとGenICamは、どのメーカーからも独立した実績のある産業用カメラ規格です。

Time-of-Flightカメラの仕組み

光パルスを照射するToFカメラには、実に多くの種類の光パルスと電子シャッターのタイミングが存在しており、それぞれメリットとデメリットがあります（図２）。以下では、非常にシンプルながら正しい撮影方法の基本について説明します。

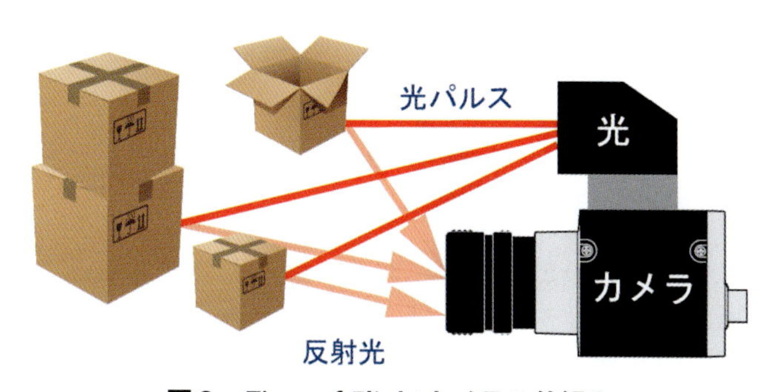

図２　Time-of-Flightカメラの仕組み

カメラの制御ユニットは、光源のオン・オフを繰り返すことで、光パルスを形成するとともに、これと全く同じタイミングでセンサーの電子シャッターを開閉します。こうして光パルスによって生成された電気信号（以下、S_0という）は、センサー内に保存されます。その後、制御ユニットによって再度光源のオン・オフが繰り返されます。この２回目の光源のオン・オフでは、シャッターは後者、つまり光源がオフになった時点で開きます。こうして生成された電気信号（S_1）は、再度センサー内に保存されます（図３）。

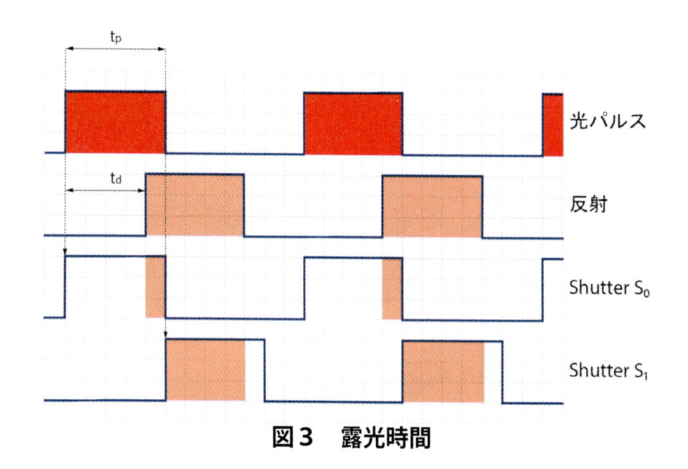

図３　露光時間

一つの光パルスは非常に短いため、設定した露光時間が経過するまでこのプロセスが数千回繰り返されます。その後、センサー内の値が読み出されます。この時、連続露光によって２枚の画像が生成されます。S_0の画像では、距離の近い面が明るく表示され、面が遠くにあればあるほど、シャッターが開いている間にセンサーまで戻ってくる反射光が少なくなります。一方、S_1の測定では、光がある程度進んでからシャッターが開くため、S_0とは全く反対に距離の近い面が暗くなります。

そして、これらの光強度の割合によって実際の距離が導き出されます。光の速さをc、光パルスの持続時間をt_p、さらに１回目のシャッターで回収した電気信号をS_0、２回目のシャッターで回収した電気信号をS_1とすると、距離dの比率は以下の通りとなります。

$$d = \frac{c}{2} \cdot t_p \cdot \frac{S_1}{S_0 + S_1}$$

その後、１回目のシャッター時における電気信号S_0がフルの状態になり、２回目のシャッター時における電気信号S_1がなくなった時（$S_1=0$）に最小距離が測定されます。この時、計算式はd=0となります。

測定可能な最大距離は、電気信号S_1がフルの状態になり、電気信号S_0がなくなった時に測定されます。この時、計算式は$d=\frac{c}{2}\cdot t_p$となります。この計算式では、測定した光パルスの幅から測定可能な最大距離を求めることもできます。例えば、t_pの合計が47ナノ秒となった場合は、最大7mまで測定できることになります。

精度

絶対精度とは、測定した距離と実際の距離との平均偏差を表した数値のことです。一方で、標準偏差を表したものが繰返し精度になります。特定の条件がそろえば、正確な測定が可能になります。以下では、その条件について説明します。

影響要素

ToFカメラの測定には多重反射や散乱光、温度など複数の影響要素が存在しており、いずれも測定の精度にかかわってきます。

多重反射

距離を測定する際には、光が一度だけ反射する必要があります。光が複数回反射すると測定がうまくいきません。部屋の角やくぼんでいるもの（コーヒーカップの中など）は、光線を多重反射するため、誤差が発生する主な原因となります（図4）。

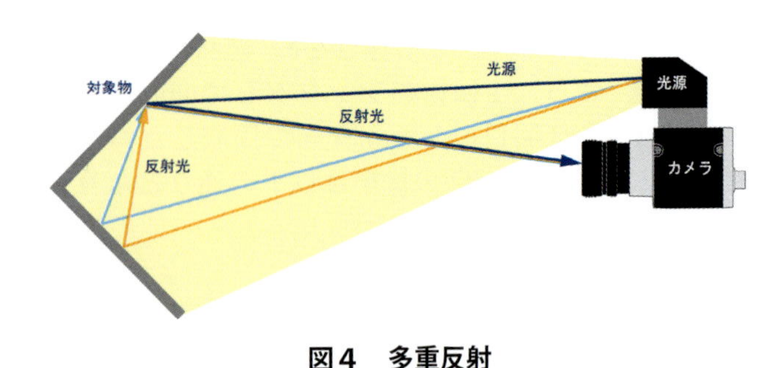

図4　多重反射

鏡や反射性のある物体面（磨かれたテーブルの表面）は光の軌道をゆがめるため、光パルスが光源から照射されてカメラに戻ってくるまでの間に、いくつの軌道ができる可能性があるかを常に推測する必要があります。光の軌道が100％ゆがめられてしまった場合は、カメラに反射光が届かないため、その面までの正確な距離を測定できなくなります。逆に、光線が全反射してそのままセンサーに入ってしまった場合は、過度の露光が頻繁に発生することになります。

一方で、何もない真っ暗な部屋よりも、明るくて凹凸がなく、拡散反射性のある壁を持つ部屋の方が理想的であると言えます。

散乱光

散乱光（図5）は、レンズやレンズの後ろ側で不必要な反射が起こることで発生します。技術的な設定をどんなに慎重に行ったとしても、散乱光を完全に防ぐことはできません。光源から非常に近い位置に明るい面を配置すると、散乱した大量の光がすぐにレンズ内に入ってしまいます。

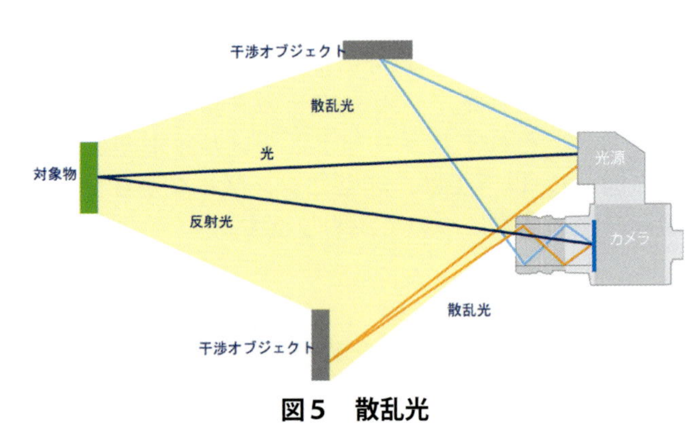

図5　散乱光

センサーの視野角内に明るい面を配置することも良くありません。例えば、カメラを直接テーブル表面の中心部に置くと、散乱光によって距離測定に大きな誤差が生じることになります。散乱光が強いと、画像のコントラストが低下して、画像が白飛びしてしまいます。白飛びは写真業界において以前からよく知られている問題ですが、カメラのすぐ前にある空間に光を強く反射するような物を置かないようにすることで解決できます。

撮影範囲

ToFカメラの撮影範囲を制限する要素として、四つのものが挙げられます。

- 光パルスの幅など、使用している測定方法：光パルスや電子シャッターの各設定は、特定の距離を撮影するためのものです。撮影範囲外にある物体面については、測定値を得られないか、または間違った数値が生成されます。ここでも強度プロファイルの影響は少ないが、物体面の照度が足りなかったり、ピントがずれたりする場合があります。
- カメラのコントラスト範囲（ダイナミックレンジ）：距離が近い面は明るくなり、遠くにある面は暗くなります。反射光の強度は、距離の２乗分だけ低くなります。輝度が一番高い地点と低い地点の両方を測定することが目標となるため、高いコントラスト範囲が求められます。
- 光源の強度：距離が遠い場合でも物体面を十分に照射するだけの光が必要です。光が足りないとノイズレベルが高くなり、測定の精度が低下します。
- レンズの焦点深度：前景と背景の間の境目があいまいだと中景の距離が誤って算出されてしまいます。

立体角

レンズと光源の強度は、画像の周辺部分で低くなります。そのため、画像周辺にある面の露光が不足し、距離測定の精度が低下します。さらに、画像周辺の影が大きくなるため、測定をする際に個々の光素子を他の部分よりも強く記録してしまいます。

環境光

カメラで測定した環境光は、評価プロセスで除外されるとはいえ、やはり物理的な問題が残ります。センサー上のピクセルは、一定量の電気信号しか保有できません。電気信号の容量に占める環境光の割合が多くなるほど、重要かつ必要な光パルスを記録できる容量が少なくなります。言い換えると、SN比が低下してしまうのです。

バンドパスフィルターは、光源に存在する光スペクトルのみを透過し、ピクセルまで送り届けます。そのため、光源と同じ光スペクトルをほとんど有していない人工光であれば、通常問題にはなりません。しかし、日光はほぼすべての光スペクトルを有しているため、夏の晴天時などでは、場合によって非常に高い強度の環境光がピクセルまで到達します。そのため、別途防護措置を取ることで、カメラが光源から発せられた光のみを測定できるようにする必要があります。

反射と透過の割合

測定面の反射と透過の割合、そしてその距離によって最適な露光時間が決まります。測定面に反射性の高い部分と低い部分があり、それらを同時に撮影する場合は、過度の露光や露光不足を防止するために、露光時間を慎重に設定する必要があります。

反射性が最も高い面をカメラから最も近い位置に配置すると、環境光がどんなに強くても露光が過度になることはありません。反射性については、強度プロファイルやその後に生成される距離画像を利用することで効率的に確認できます。露光時間は飽和状態にならない範囲でできるだけ長く設定する必要があります。カメラの配置や角度についても、露光時間に合わせて調整をしなければならない場合があります。同じ露光時間で撮影を行い、遠くにある反射性の低い面に対する光強度が適切かどうか、そして距離の値が正しいかどうかを確認すると良いでしょう。

適切な露光時間を見つけられない場合は、異なる露光時間で２～３回撮影を行い、一つのプロファイルにまとめてください。この際、信頼性の値も参考になることがあります。物体面が光を全反射する場合や完全に透過する場合は、光の主軌道が最短距離にならないため、正確な距離測定ができません。

温度

光パルスが到達する時間とシャッターのタイミングを利用した計算モデルを基に距離が算出されます。カメラの電子シャッターが想定よりも33ピコ秒遅れただけでも、算出距離が１cm短くなるずれが生じます。たとえ高性能な電子部品でも、ToF測定の精度要求を満たすことは難しいのです。温度が高いとノイズが発生し、温度の変動はシャッターのタイミングに影響を与えます。そのため、温度が安定した環境でカメラを使用することが重要になります。極端な温度を避け、温度の変動が大きくならないようにするとともに、可能ならファンや金属製の大型ブラケットなどを取り付けてカメラを冷却する必要があります。

カメラの設定

カメラにはその性能を最大限まで発揮するための数多くの設定が用意されており、露光時間やフレームレートのほか、精度を向上させるための様々なフィルターも備えています。しかし、設定の組み合わせによっては、仕様に記載された精度を確保できない場合もあります。

おわりに

迅速かつ効果的に距離測定を行うToFカメラは、一般的なカメラとは違い、主に制御ユニットや光源から構成されており、これらの適切な使用がカメラの測定精度に直接的な影響を与えます。

ToFカメラは測定機器としてレンズを含めたキャリブレーションを行う必要があり、特定の周辺環境と指定した測定範囲内でのみ、最適な結果を出すことができます。ToFカメラは強度プロファイルや距離画像、信頼性の値など、通常のカメラよりもはるかに多くのデータを生成します。適切な環境下にあったとしても、正確なToF測定にはカメラの内部と外部を含めた数多くの要素がかかわってきます。最高の結果を得るには、以下のような条件が必要となります。

- 多重反射を防止する
- 散乱光を防止する
- 撮影地点の中央で測定を行う
- 画像の中央で測定を行う
- 環境光（特に明るい日光）を避ける
- カメラの温度を低く保つ
- 光を全反射する物や完全に透過する物を避ける
- 明るく、拡散反射性のある面を優先する
- カメラの配置や角度を適切に設定する
- 画像処理の際に「四角形の形状をしている」などの事前情報を活用する
- ノイズ処理の際に空間フィルターと時間フィルターの両方を使用する
- 強度プロファイルを作成する
- 安定した場所でカメラを使用し、撮影中に設定に変化が生じないようにする

これらの原則を守ることで、１秒間当たり610万か所に対してcm単位の精度で距離を測定することができます。空間撮影に近道はありません。

【筆者紹介】
Martin Gramatke
Basler AG ドイツ本社
プラットフォームアーキテクト

問い合わせ先
Basler Japan
〒105-0011　東京都港区芝公園3-4-30
32芝公園ビル404
TEL：03-6402-4350　FAX：03-6402-4351
E-mail：sales.japan@baslerweb.com
https://www.baslerweb.com/jp/

Gz1710-12

ハンディ型3Dスキャナの選び方・使い方

How to choose, how to use handy type 3D scanner

㈲原製作所
原　洋介

はじめに

近年、様々な業界で3Dスキャン技術を活用して商品開発や業務が行われるようになりました。複数枚の航空写真を合成して地形等の広範囲の3Dデータ化、測量用エリアスキャナを用いた建造物の中範囲の3Dデータ化、ハンディ型や固定型のスキャナを使った工業製品や設備や文化財、医療等、小範囲の3Dデータ化、部品や小物を測定する精密な3Dデータ化等あらゆる業種、分野で3Dスキャン技術が使われています。

工業分野では3DCADを使用した設計が主流となり、より複雑で高度な製品の開発が可能となりました。しかしその反面、従来の接触式の測定方法では複雑すぎて測ることができない状況が多いのも実情です。そんな時に3Dスキャン技術は活躍いたします。

今回は3Dスキャナの中でもハンディ型スキャナに注目し、特徴や機器の選定の仕方、スキャンデータの活用方法を解説したいと思います。

3Dスキャナ（非接触式三次元測定器）とは何か？

3Dスキャナの全体像

まずは3Dスキャナの全体像から解説します。

3Dスキャナとは、レーザーやLED等の光を対象物に投影し反射する時間差や照射の角度をカメラで捉え計算し、物体表面の凹凸形状の三次元座標をデータとして取得する装置です。少し前までは接触式三次元測定機にて多点プロービングを行い、座標情報の取得、3Dデータ化を行っていました。近年はこれに代わり、3Dスキャナを用いて非接触でスキャンを行うようになりました。重量・サイズ・材質等による制限が少なく、短時間で複雑な形状を3Dデータ化できるのも一つの特徴です。

まずは3Dスキャナにはどんな種類の装置があるかを解説いたします。

航空写真測量

写真合成技術を使い複数の航空写真から地形や建物の三次元データを作成する技術です。最近ではドローンに搭載したカメラ（図１）から地上に向けて100枚以上の空撮写真を撮影し、災害現場の三次元データや地形の変化を調べるために使われています。

図１　ドローンに搭載したカメラ

エリアスキャナ／レーザースキャナ（図２）

地形や建物の測量で使用されるスキャナで、地上に三脚等で設置して約300m先までの空間を3Dデータ

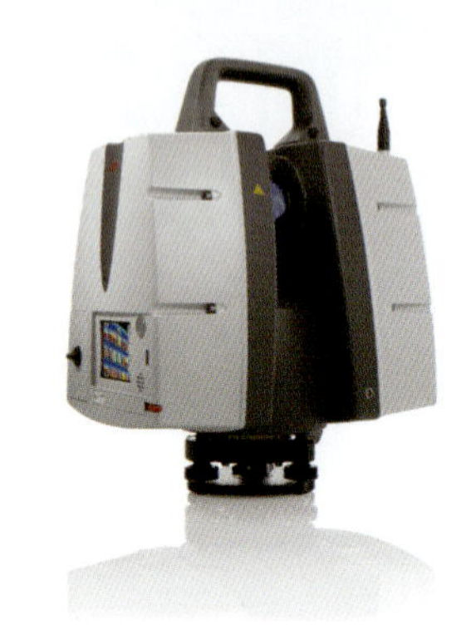

（資料提供：三井造船システム技研㈱）

図2　エリアスキャナ／レーザースキャナ

化する装置です。採掘現場の土砂残量体積や、工場や施設の配管設備、工場内等のレイアウト検討のための3Dデータ化に使用されます。

固定式スキャナ

製造業で頻繁に使用される装置です。対象物として航空機や大型重機から自動車・家電製品・玩具・文化財まで幅広い分野で使用されています。固定式にもいくつか種類があります。

門型（図３）

接触式三次元測定機（CMM）の先端にレーザー式スキャナを取り付けたタイプです。接触測定と3Dスキャンを同じ設置状態で行うことができるので幾何形状検査と外観形状検査が１回のセッティングで行えます。測定ワークの下側（定盤面側）はスキャンを行えないので、計測目的を明確にし、設置方法を考えなければえなければいけません。

アーム式（図４）

多関節アームの先端にレーザースキャナを取り付けて形状を3Dスキャンできる装置です。比較的小型で可搬性に優れているので、作業現場に持ち込みスキャンを行うことも可能です。アームの各関節にあるエンコーダにより先端スキャナの座標を把握してスキャンを行うのでポイントシール貼付が不要です。アーム長さを超える測定物はアーム設置位置を変えるため、スキャンクオリティが低下するおそれがあります。レーザー等の強い光源を使用しているため、光沢物に強くパウダーレスで計測が可能です。

（資料提供：三井造船システム技研㈱）

図３　固定式スキャナ　門型

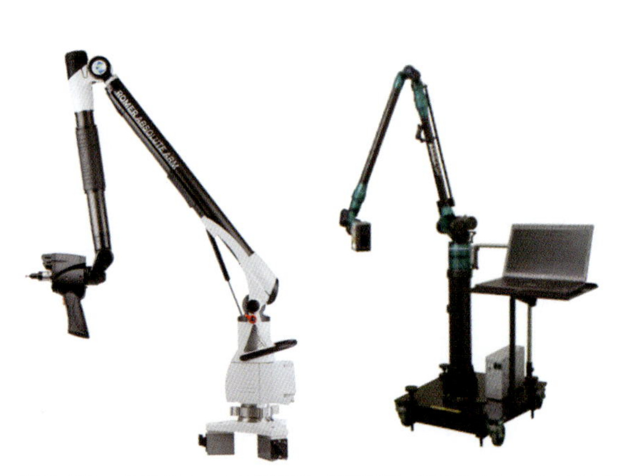

（資料提供：三井造船システム技研㈱）（資料提供：東京貿易テクノシステム㈱）

図４　固定式スキャナ　アーム式

カメラ式（図5）

縞模様やレーザーを測定対象物に投影し、内蔵カメラで撮影して形状を3Dスキャンする装置です。光源・ワーク・カメラの3点で三角測量を行い深さZ方向、CCDカメラよりXY方向を算出し物体表面の広い範囲を一度に形状取得できる装置です。プロジェクタとカメラのレンズを変更することで狭い範囲を高密度で3Dスキャンすることも可能な装置のため、形状再現性が高いのも特徴です。しかし対象物の表面が高光沢の場合は光が乱反射しスキャンすることができないため、パウダー等の塗布が必要となります。また、影になる部分はスキャンができないため、カメラアングルやワーク位置を変更してスキャンします。ワーク上にポイントシールを張り付けることで座標系をワークに持たせ複数のスキャンデータの合成を行うことも可能です。三脚やスタンドが必要なため、設置場所に制約がかかることがあります。シングルカメラタイプとステレオカメラタイプがあります。

X線CT（図6）

装置の中に測定ワークを設置し360度回転させ、X線を物体内部に透過、減衰エネルギー値を計算することでワーク形状を3Dスキャンする装置です。見えない内部の構造をスキャンする唯一の方法になります。質量の大きく異なる素材（鉄とプラスチック）の組み合わせ部品は、比重の高い物体形状のみ3Dデータ化が可能です。また、厚みのある金属はX線を透過できないため3Dデータ化することができません。コネクタ内部の組み付け状況やアルミ鋳造製品の鋳巣検査、容器キャップ部分のシール検査等に効果を発揮します。

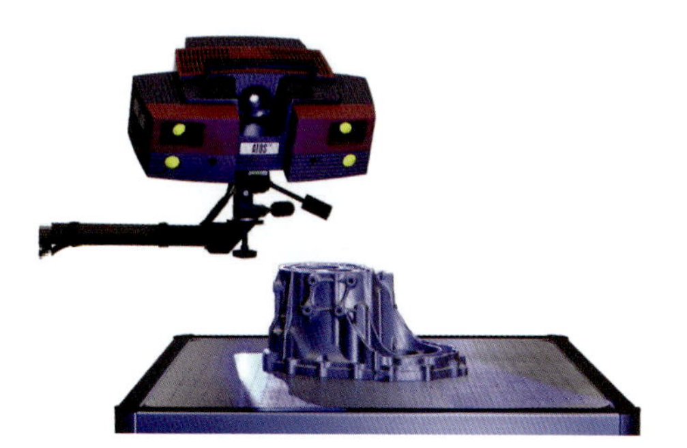

（資料提供：丸紅情報システムズ㈱）

（資料提供：東京貿易テクノシステム㈱）

（出典：AICON 3D Systems HP）

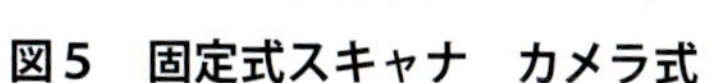

図5　固定式スキャナ　カメラ式

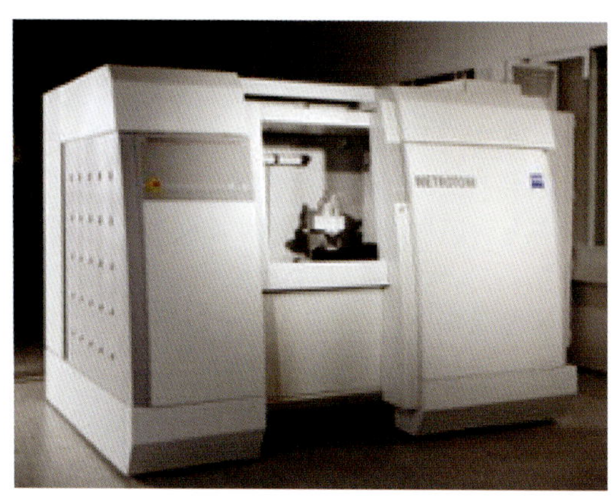

（出典：カールツァイス㈱ HP）

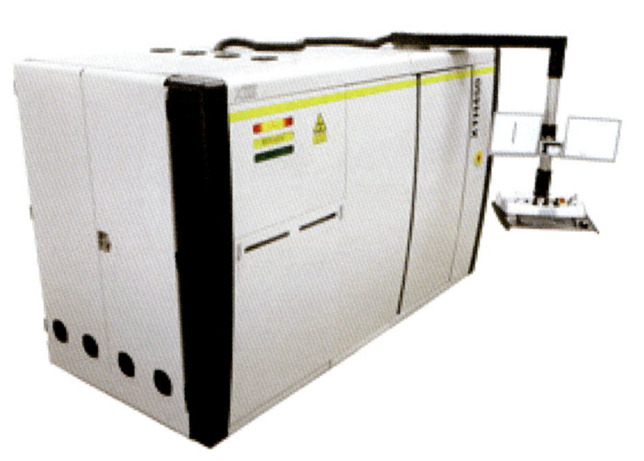

（出典：㈱ニコンインステック HP）

図6　固定式スキャナ　X線CT

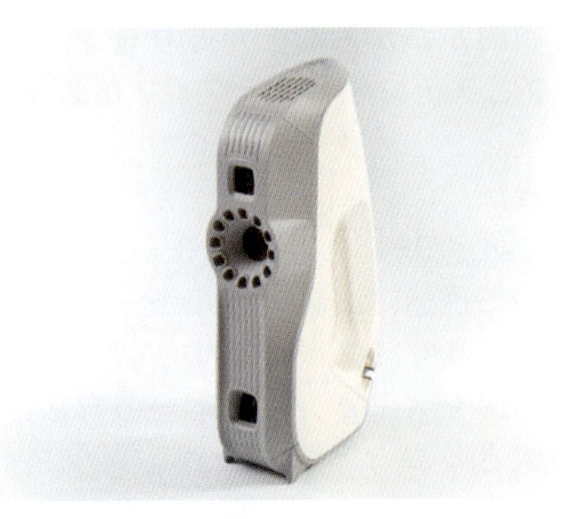

（資料提供：㈱データ・デザイン）

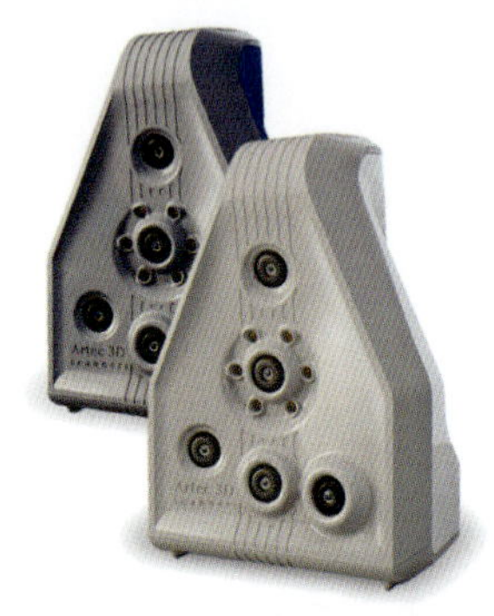

（資料提供：㈱データ・デザイン）

（資料提供：三井造船システム技研㈱）

（資料提供：三井造船システム技研㈱）

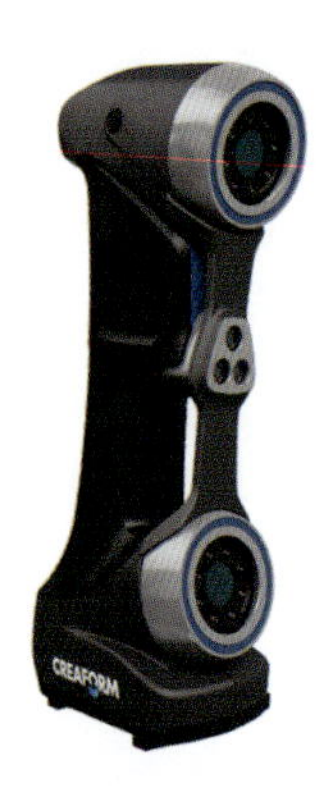

（資料提供：三井造船システム技研㈱）

（資料提供：東京貿易テクノシステム㈱）

図７　ハンディ型スキャナ

ハンディ型スキャナ（図７）

手に持って自由に動かしながら3Dスキャンすることができる装置です。可搬性の高さを生かし、狭い空間に持ち込むことが可能であり、様々な角度から3Dスキャンを行うことができます。小型で軽量のため、持ち運びしやすく様々な現場で使用が可能です。比較的小さな範囲のスキャンに向いています。

ハンディ型スキャナについて

ハンディ型スキャナはどのように3Dデータ化するのか

計測方式は大きく分けると①ランダムパターン投影方式②ラインレーザーを用いた光切断方式が存在します。

①ランダムパターン投影方式（図８左）

LED光源からランダムパターンを測定対象ワークへ投影し、投影したパターンの歪みをカメラで撮影し、対象物の形状を算出します。処理速度が早いため、高速度に連続でパターンを投影しながらスキャナを動かしながら照射範囲を移動させて連続撮影を行います。

②ラインレーザーを用いた光切断方式（図８右）

１本又は複数本のラインレーザーを照射しラインの切断断面形状をカメラで認識することでワーク形状を算出します。断面の集合体を合成するため、位置座標を合わせるためにワーク表面にマーカーシールを貼り、スキャナ座標位置を捕捉する必要があります。

ハンディ型スキャナの3Dスキャン時における座標認識方法について

①トラッキング方式（図９）

主に光切断方式のハンディ型スキャナで使われます。

レーザートラッカー若しくは画像とトラッカーシステムを用いて、ハンディ型スキャナの座標位置と

（出典：Creaform　HP）　（資料提供：東京貿易テクノシステム㈱）

図８　ランダムパターン投影方式／光切断方式

（資料提供：三井造船システム技研㈱）

（資料提供：東京貿易テクノシステム㈱）

図９　トラッキング方式

姿勢をリアルタイムで算出しながら、ハンディ型スキャナにて対象ワーク表面形状をスキャンします。このため、トラッカーシステムと対象ワークは互いに固定されている必要があります。仮にどちらかが少しでも動いてしまうと、スキャン座標がずれてしまい正確な3Dデータを取得することができません。

画像トラッキングシステムでは、一部の機種で対象ワークとハンディ型スキャナそれぞれにマーカーポイントを取り付けることで相対座標を算出し、対象ワークが動いても3Dスキャンが可能なすぐれた装置もあります。

②マーカーシール方式（図10）

対象ワーク表面に不規則にマーカーシールを張り付け座標基準をワーク上に持たせ計測する方式です。ワークが変形しない限り表裏をひっくり返して計測しても座標を認識しながら計測を続けられるため比較的正確な計測が行えます。

③形状ベストフィット方式

主にランダムパターン投影方式で用いられる方法です。スキャナを動かしながら高速度で複数ショット撮影し、各ショットの3Dスキャンデータの中からオーバーラップした部分を算出し、形状を最小二乗法でつなぎ合わせて行くスキャン方式です。比較的短時間で広い範囲のスキャンが行えるので、人体やマーカーシールの貼り付けができない文化財等の対象物に効果を発揮します。

（出典：Creaform HP）

図10　マーカーシール方式

大きな形状や特徴の無い平面的な対象ワークをスキャンした場合に、最小二乗法による合わせ誤差が大きくなり、スキャンデータが歪んだりずれたりすることがあります。そのため、スキャンを行う時に、対象ワーク表面にピンポン玉やサイコロなど特徴形状を張り付ける等の工夫が必要です。

ハンディ型スキャナでスキャンしたデータはどのような物なのか

ハンディ型スキャナでスキャンした3Dデータは、使用するソフトによっても変わりますが、点群もしくはポリゴンデータとなります（図11）。3Dスキャナはワーク形状の三次元座標値を細かな点情報で精細にスキャンする装置であり、3DCADのような円柱や平面等のプリミティブやNurbs曲面として初めから取得することはできません。

ハンディ型スキャナの選定方法

数あるハンディ型スキャナの中から選定する時に考慮すべき点を列挙するので購入時の判断基準にしていただければ思います。

使用目的を明確にする

3Dスキャナを購入後に使ってみたら「見当違いの物だった」とならないように、導入する目的が製品形状の検査なのか、3DCADのようなデータへのモデル化なのか、スキャン対象物のサイズは一定か、大小様々なサイズに対応させるのか、どこの工程で使用したいか等を明確にしておく必要があります。

使用頻度、使用場面を明確にする

毎日使用するのか、月に数回の使用なのか、少々値段が高くても耐久性の高い物を選ぶべきか、簡易的なスキャナでも良いか、ある程度予測を付けておくことが大切です。

また、使用場所が室内なのか屋外なのかで機材メンテナンスが変わってくるので注意が必要です。

実機による比較を行う

同等機種を可能の限りベンチマークテストを行い、スキャナの特性を理解することが必要です。ベンチマークテストも常に同じ条件のもとにスキャンを行い、スキャンクオリティを確認するのをお勧めいたします。カタログ値だけの判断ではわからないことが多く存在しますので、良くありません。

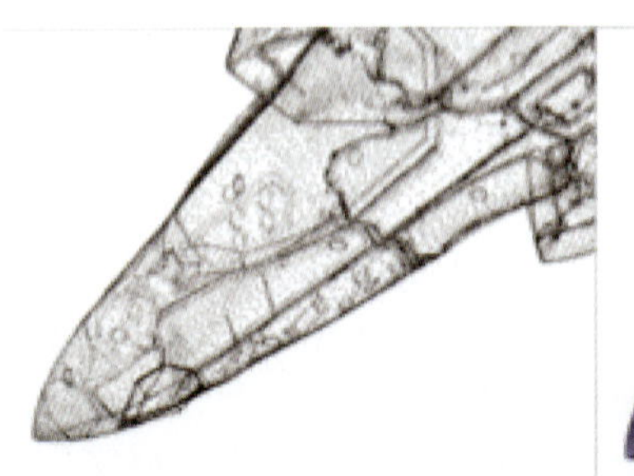

図11

機材のサポート体制を確認する

どんな製品でもそうですが、正しく使用していても故障やトラブルが発生します。その際のメーカー側のサポート体制も重要な選択要素の一つです。スキャナが無ければ仕事は止まってしまいますので、代替機種の貸出や修理サポート体制の整ったスキャナ販売会社から購入するのが良いでしょう。基本的な使用方法だけでなく過去の経験からスキャンノウハウを持つ販売会社であれば尚良いでしょう。ハンディ型スキャナは軽くて機動性がある反面、ぶつける、落下する等、故障させる確立も高くなります。

専用ソフトの使い易さを確認する

3Dスキャナ本体の性能も重要ですが、実はソフトウェアの使い易さで作業効率に大きく差が出てきます。付随するソフトは基本的な位置合わせや穴埋め程度の修正しかできない物から、複数のポリゴンデータを合成し、細かな編集や検査ができる機能を備えた物まであります。使用する分野に特化した編集ソフトを別に導入する必要もあります。

ソフトウェアの保守費用や習得の手間もありますので、3Dスキャナを使用する目的を明確にし、何の機能を備えたソフトが必要なのか検討する必要があります。

重量、サイズに気を付ける

ハンディ型スキャナはそのほとんどが片手で操作ができるサイズになっています。しかし長時間の作業になると少なからず本体の重量による腕の疲労が出てきます。対策として筋力トレーニングを行える人は問題ありませんが、大抵の人はハンドリングの良さを重視すると思いますので、購入前に実際に使用する状況で試すことが大切です。

また機種によって本体から被写体までの撮影距離が違います。本体は小さくても撮影距離が遠い場合は狭い空間に持ち込んでも撮影距離が足りず計測できないことがありますので注意ください。

有線、無線方式それぞれ特徴を把握する

ハンディ型スキャナは本体から処理を行うパソコンへデータを送るために、有線方式と無線方式があります。有線方式の方がデータ転送速度も速くリアルタイムに処理が可能ですが、場合によってはケーブルが邪魔になることがあります。パソコンから本体までの距離がケーブル長さで決まってしまうので、狭い空間を計測する際にパソコンも持ち込まなければいけない場面も出てきます。ケーブルが延長できる仕様の機種は、あらかじめ延長ケーブルキット等の購入をおすすめします。

スキャンクオリティの確認

なんといっても測定対象物をスキャンした時のデータ品質が一番重要となります。特に微細な形状がデータ上で再現できているか、データノイズが少ないか、凹凸部分に撮り残しや穴が少ないかを複数機種で必ず確認し、一番品質の良いスキャナを選択下さい。

得意不得意の色や表面状態の確認

計測方式によっては、金属加工面の様な光沢面、黒色、繊維状の表面、ガラス等の透明な製品のスキャンができない機種や不得意な機種があります（図12）。対象ワークの色味が激しく違う物（白と黒などの対比色でカラーリングされている物）の場合、どちらか一方しかスキャンできない機種もありますので実機によるサンプルスキャンを行って見極めるのが大切です。パウダーを表面にスプレーすることでスキャンできるようになりますので、スプレーが可能な対象物の場合はあまり気にすることは無いでしょう。

形状重視か、色調重視か

ハンディ型スキャナは高精度に対象ワークの表面形状の取得に重点を置いて開発された機種と、形状取得はまあまあに、物体表面のカラーテクスチャーの取得に重点を置いて開発された機種が存在します。文化財等のデジタルアーカイブやエンターテイメント向けのスキャンは、カラーテクスチャー機能が高い機種が向いています。

スキャンスピード

機種選定の際の重要な要素の一つに、作業効率に直結するスキャンスピードがあります。スキャン方式の違いにより、時間当たりのスキャン面積が変わ

図12　光沢面、黒色、繊維状の表面、ガラス等の透明な製品は要注意

ってきます。一般的にランダムパターン投影方式の方が、全体をスキャンするスピードは速い傾向があります。

出力データ形式

スキャンデータを処理するソフトの種類によっては、ポリゴンではなく点群のみというソフトがあります。後工程を考えると、ポリゴン形式でデータを出力できるソフトを使用しているスキャナがよいでしょう。

電源方式

スキャナを稼働させるための電源がAC電源のみの機種、内蔵or外部バッテリー併用式の機種がありますので、実際の使用環境や測定状況に合わせて選定することをお勧めします。

バッテリー式のメリットとして、ノートパソコン内蔵バッテリーと併用して電源の無い環境でもスキャンすることが可能となります。予備のバッテリーを準備すればより長い時間計測も可能です。屋外や遺跡内部でスキャンに効果を発揮します。

選定方法の注意すべき点を紹介しましたが、それでも自分で選定するのに不安がある、プロの意見を聞きながら選定したい等あると思います。そのような時は、(一社) 三次元スキャンテクノロジー協会に相談してみるのも一つの手です。数多くの実機評価を行っていますので、マッチした機器を選定していただけると思います。当社で使っているスキャナも選定時にアドバイスをしてもらいました。

3Dスキャンデータの使われ方

3Dスキャナで取得した3Dデータ（点群またはポリゴン）を後工程でどのように活用するかを紹介します。

寸法測定、幾何公差測定（図13）

製品が図面寸法通りにできているかを3Dスキャンデータ上で測り確認します。２点間距離測定以外に、円筒度や平面度、座標位置等の幾何公差検査が可能です。幾何公差設計を行った際の検査方法として最適なのが3Dスキャンです。

3DCAD比較（図14）

設計値である3DCADデータとスキャンデータを3D上で重ね合わせて、偏差をエラーマップで出力します。

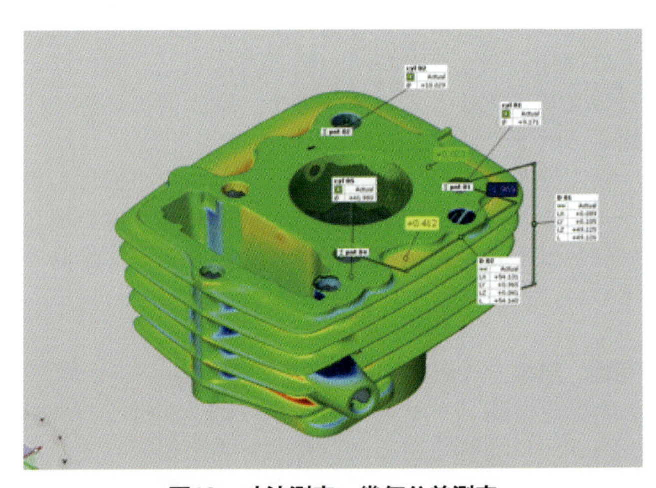

図13　寸法測定、幾何公差測定

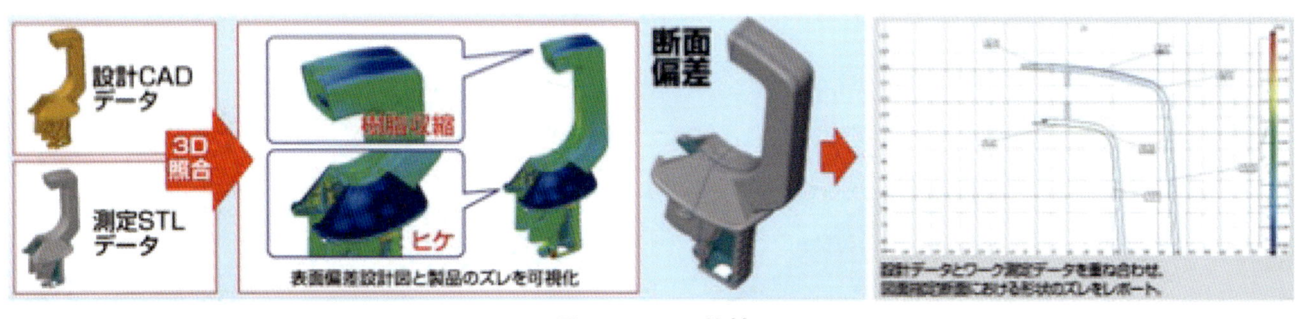

図14　3DCAD比較

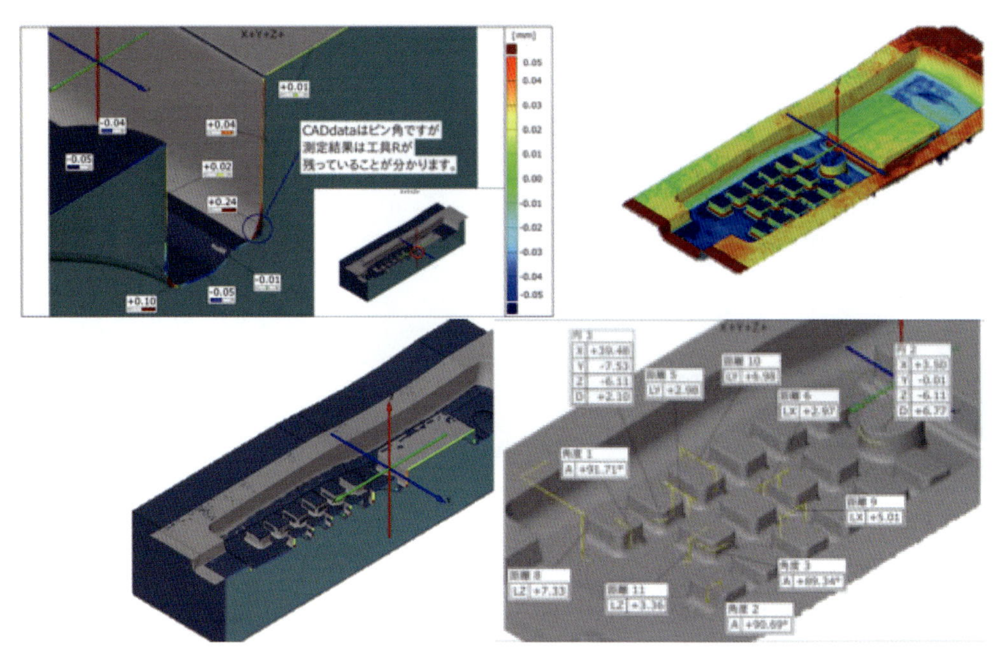

図15　製品同士の形状比較

形状の差異を瞬時に可視化できるので、複雑な形状ほどメリットが大きいです。

樹脂成型品や鋳造品は設計値に対しての収縮や反りヒケ、成形状態の傾向の可視化、加工代分布状況等を調べることが可能です。

製品同士の形状比較（図15）

製品をN数個スキャンし3D上で製品の3Dデータ同士を重ね合わせることで、製品の個体差を可視化することが可能です。不具合箇所の発見やバラつきの検査を行うことができます。N個取りの金型で決まってNGが出る場合、NG箇所の形状を3Dスキャンし、良品金型と3D上で重ね合わせることで不具合原因の解明を行うことが可能です。

肉厚分布検査（図16）

板材の表裏をスキャンし一つのデータにすることで、視覚的にわかりやすいエラーマップ表示をすることができ、指定ポイントでの肉厚検査が可能です。プレス品ベンド部の板厚分布、樹脂成形品の肉厚検査等が可能です。

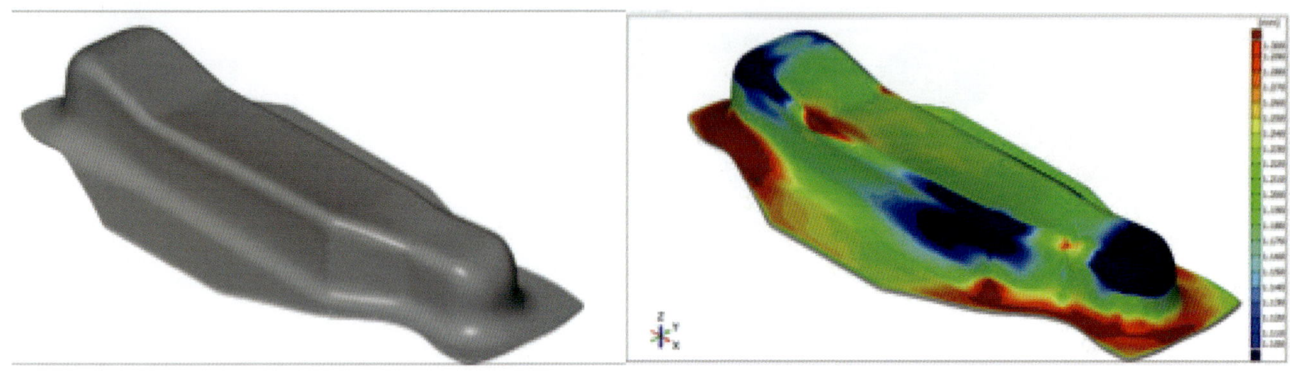

図16　肉厚分布検査

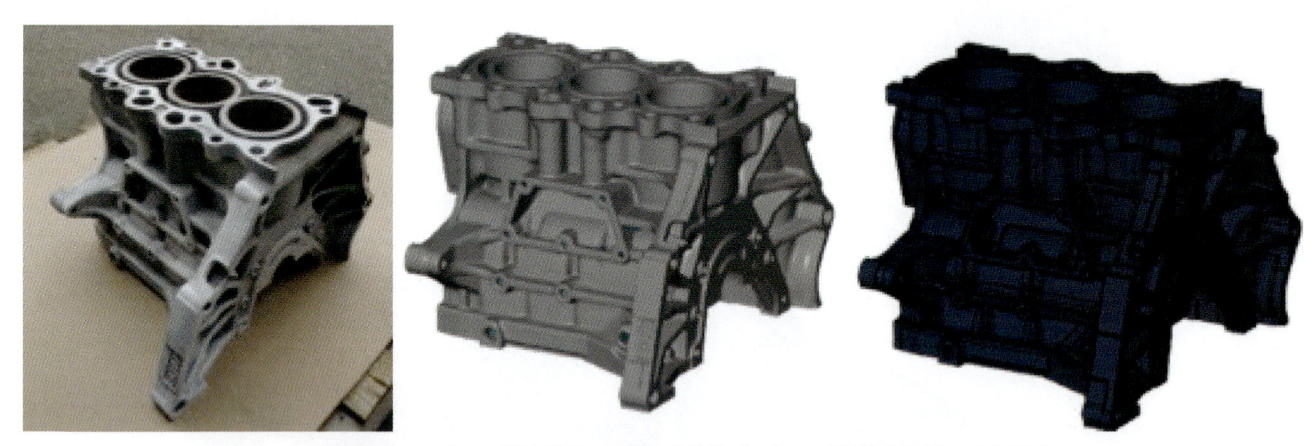

シリンダブロック⇒3DSCAN⇒STL（ポリゴン）⇒モデリング⇒3DCAD

図17　リバースエンジニアリング（シリンダブロック

荷重変形量検査

荷重を製品に加えた際に三次元的にどのように変形するのか3Dスキャンにて形状や姿勢を3Dデータ化し、変形前後のスキャンデータを重ね合わせることでどこがどれだけ変形したかを視覚的にわかりやすく検査することができます。

燃料タンクの熱膨張変形量やネジの締め付けトルク違いによる形状変化等を三次元的に検査します。

記載した物以外にも以下のような3Dスキャンデータを活用した検査に3Dデータを活用することができます。

その他に、摩耗量検査・金型不具合検査・金型クリアランス検査・デジタルアッセンブリー検査などに活用されています。

リバースエンジニアリングについて（シリンダブロックを例に）（図17）

現品しか無いエンジンシリンダブロックから、もう一度設計用3DCADデータを作成したい場合、先ずはシリンダブロックを3Dスキャナでスキャンをします。

3Dスキャナで取り込んだ直後は、ポリゴンという点群を近傍の３点で三角形を作り、これを複数つないだデータの状態になります。視覚上は表面にサーフェスがあるように表示していますが、あくまで点の集合体のため、3DCADでの編集はできません。

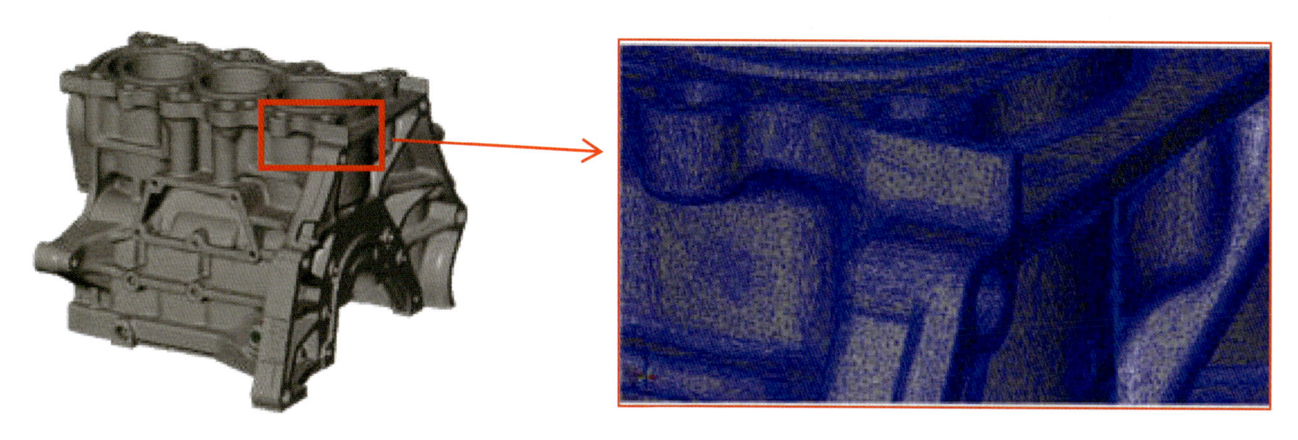

図18　STLデータ（スムーズシェーディング）／STLデータ拡大：細かなポリゴンの集合体

設計用データとして使える3DCADにするには、リバースモデリング専用ソフトウェアを用いて、スキャンしたSTLデータからプリミティブ要素や曲面を作り出しデータを製作します。

現物の形状には歪み、反り等の誤差が多数含まれているため、ソフトウェア上で3DCADデータを自動で製作することができません。

設計の知識とモデリングノウハウを駆使し、技術者が一つ一つ形状を読み取りモデリングを行うことにより、後工程で「使える」3DCADデータの制作が可能となります。

出力データは中間フォーマットファイル（IGES,STEP,Prasolid）になります。

3Dスキャンと同様に、リバースエンジニアリングのモデリング作業も奥が深い技術です。本誌では簡単に触れさせていただきました。別の機会で記載させていただきたいと思います。

おわりに

3Dスキャナを使った計測技術は、データ活用方法次第で今まで難しかった「形状の見える化」が可能な夢の詰まったツールです。時間軸を超えて形状を正確に保存できますので、私は「形状タイムマシーン」と呼ばせて頂いています。この技術は世界のモノづくりの中では無くなることのない技術です。

本誌をお読みいただいた方が更に3Dスキャン技術に興味を持っていただければと思います。

【筆者紹介】

原　洋介
㈲原製作所
代表取締役
（一社）三次元スキャンテクノロジー協会　会員
〒386-1321　長野県上田市保野248-7
TEL：0268-38-3520　FAX：0268-38-3843
E-mail:scan@hara-sss.co.jp

有限会社 原製作所

当社は独自の高精度・高精細3Dスキャン技術を駆使して、3Dスキャンから検査、3DCAD化では日本トップレベルのワンストップサービスを提供している会社です。あらゆる立体形状の3DCADデータ化が可能です。大きくて動かせない、機密上持ち出し不可の測定ワークについては全国へ出張三次元計測を行います。移動可能な測定ワークについては当社へ持込み受託計測を行います。

自動車業界をはじめ、重工業、航空宇宙産業、鉄道、電力、家電、食品、文化財、医療等様々な分野へサービスを提供しています。世の中はすべてが三次元形状ですので、すべての物が計測対象物と考えております。

様々な会社様で困っている案件が回りまわって最後に辿り着く原製作所の3Dスキャン・モデリング技術です。更なる高精度、高品質のデータ提供が求められていますので、要望にお応えできるよう日々鍛錬を続けていきます。

三次元非接触形状測定センサ

Non-contact 3D measurement sensor

Optimet ラインセンサ　コノライン100

㈱オフィールジャパン
中田　勉

はじめに

Optimet™（Optical Metrology Ltd.）社は1995年に設立されたOphir Optronics（イスラエル）のブランドであり、現在では世界的マーケットリーダであるMKS Instrument社のグループ会社となりました。

Optimet社はコノスコピック・ホログラフィと呼ばれる独自の距離測定を採用しており、洗練された非接触測定センサとスキャナを提供しています。

狭い穴の内部や急峻な窪み、これまで計測が難しいとされてきた複雑な製品であっても二次元、および三次元による測定を可能にしています。応用例としては検査、品質管理、リバースエンジニアリングなどインプロセスを含む様々な表面計測アプリケーションや多くのカスタム案件にも対応し、業界としても自動車、航空宇宙、エレクトロニクス、ディスプレイ、工業ゴム、歯科用CAD/CAM産業など多岐に採用され全世界では5000台を超える設備に導入されています。

同社の特許取得済みのポイントセンサであるコノポイントシリーズ、ラインセンサであるコノラインシリーズをご紹介いたします。

コノスコピック・ホログラフィ

コノスコピック・ホログラフィとは1984年にSirat, Psaltis氏によって発表された特許技術で、入射光と測定対象物からの反射光が同航路で通過する方式を取ることから、同一軸計測技術と言われています（図1）。

レーザダイオードからの出射した入射光は測定対

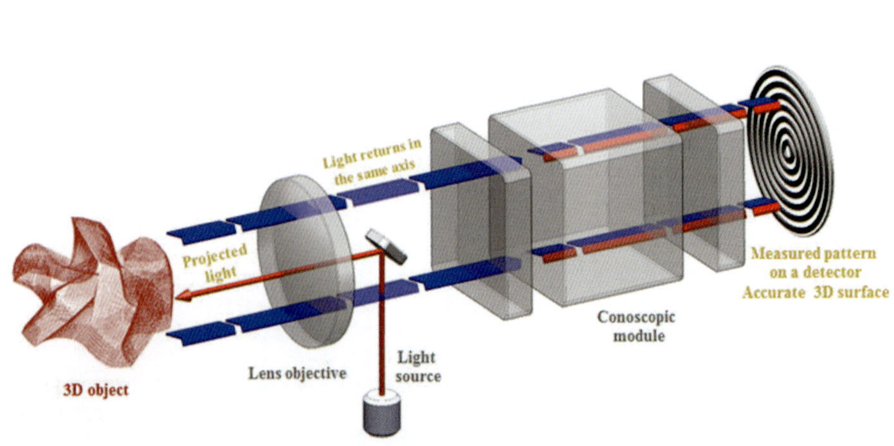

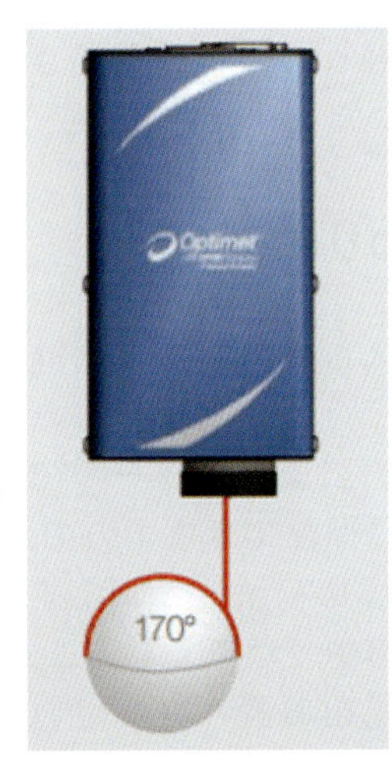

図1　コノスコピック・ホログラフィの原理

象物上で反射して散乱します。この反射光を偏光方向が90度異なる２枚の偏光板と複屈折結晶（コノスコピッククリスタル）を通過すると結晶内を通過する角度の変化によって光の位相遅れが生じます。この位相遅れによってCCD上で同心円状の位相差に変換されフリンジパターンとして読み取られます。このフリンジパターンの間隔は、物体との距離に応じて変化するため測定対象物との距離を一義的に決定することが可能となっています。Optimet社のセンサはすべてこの同一軸計測であるがゆえ、深い穴や溝でも最大で±85°のエリア、球体のような凸形状であれば最大170℃のエリアまでも計測を可能としました。

コノポイントセンサ

コノスコピック・ホログラフィの独自技術を応用したのがコノポイントセンサです。Optimet社の主力製品であり、すでに目的に応じて５種類のラインナップが完成しており、ユーザは必要に応じて選択できるようになっています。すべての機種はレンズを、要求に応じてさらに標準の10種類（オプションを含めて17種類）から自由に選択できるようになっており、ここでもユーザの利便を図っています。なかでも最高品質機種であるコノポイント-20は、サブミクロン精度・測定サンプリングレート最高20,000Hzを誇ります（図２）。

これまでユーザが苦心していた温度ドリフトの自動検知・自動補正機能（Thermal Compensation）のみならず、多くのユーザにとって計測が難しかった金属と樹脂などが複合的になった対象物であってもセンサ内部の回路で自動的に補正を行う自動露光機能（Auto-Exposure）が実装されています。これまでは白い色であれば高反射・黒いものは低反射であるがゆえ、パラメータの調整をユーザに依存していましたが、この自動露光機能の実装によりユーザは測定物の色や表面状態を意識することなくの高精度の測定を短時間で完成できます。イーサネットが標準装備され、市販のHUBに接続するだけで複数台よるマルチセンサ形状測定環境を簡単に構築できます。

コノライン100

コノスコピック・ホログラフィを採用したコノポイントセンサは、他の非接触三次元計測機では不可能とされた計測を可能にしてきましたが、唯一の欠点がありました。ポイントセンサであるがゆえに計測に時間がかかってしまうことが、かねてからユーザサイドより次なる要望として挙げられてきました。

今回ライン方式とすることでその欠点が一気に解決されました。光源を高速ミラー回転により瞬時に計測を完了いたします。

Optimet社では過去にもライン方式のセンサを市場に送り込んできましたが、さらなるバージョンアップにてラインナップされたのが、コノライン100とな

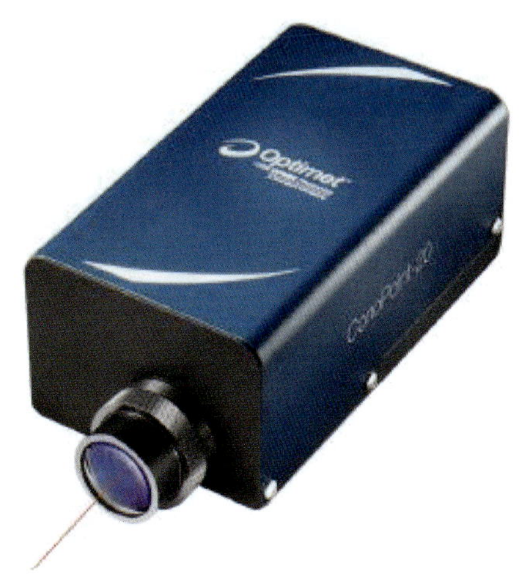

図２　コノポイント-20

図３　コノライン100

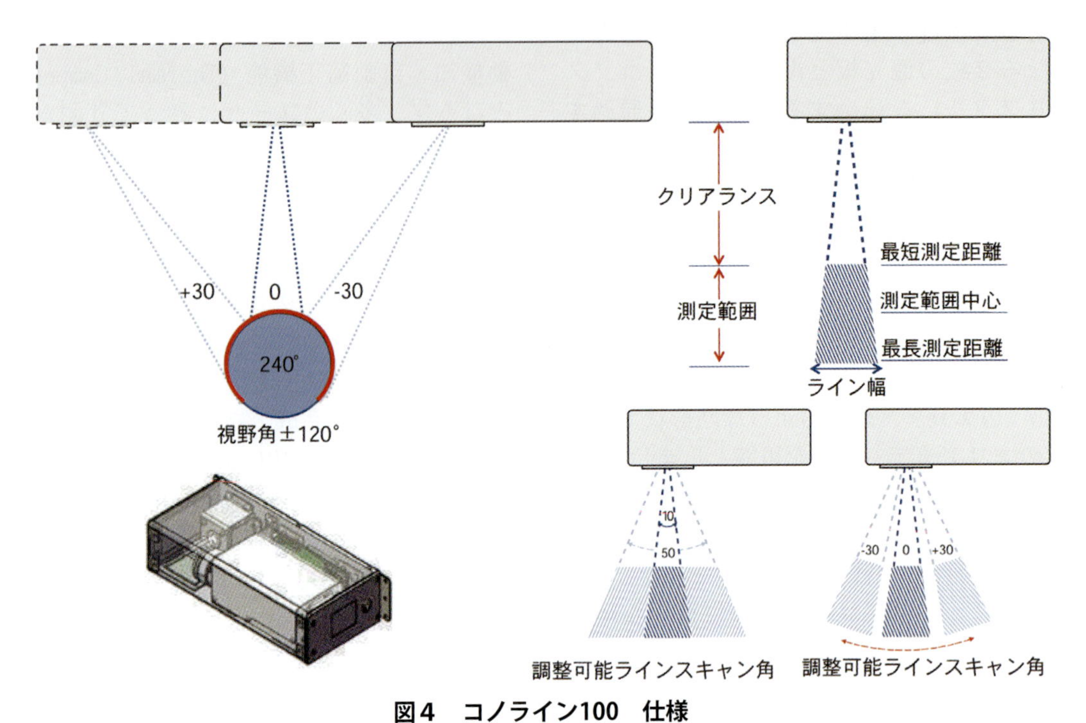

図4　コノライン100　仕様

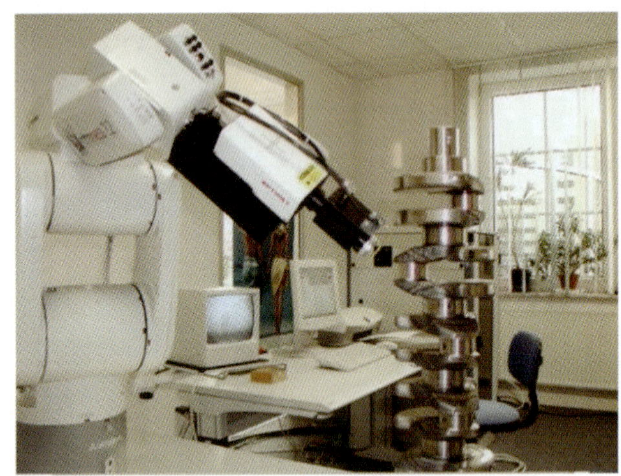

図4　コノライン100　仕様

ります（図3、図4、表1）。ベースはポイントセンサで最高品質とされたコノポイント-20で、20,000ポイントデータ/秒、100ライン/秒の超高速化を達成。繰り返し再現性は0.4μを達成しています。当然コノスコピック・ホログラフィであるため、他の方式では計測できないとされた凹みを含んだ形状や内部形状を計測できてしまうだけでなく（最大視野角±120°）、ライン方式のため一瞬で計測を完了することが可能となりました。自動露光（Auto-Exposure）機能・温度補正機能（Thermal compensation）は標

表1　コノライン100　暫定仕様

暫定仕様

レンズタイプ	85E
垂直軸	
測定範囲	30 mm
クリアランス	50 mm
直線性	±0.05 %
繰り返し再現性	0.4μm
視野角（X軸）	170°
ライン仕様	
ライン長@最短測定距離	13.0mm
ライン長@測定範囲中心	15.5mm
ライン長@最長測定距離	18.0mm
ライン分解能 @最短～最長測定範囲	0.07-0.09 mm
ライン幅（X軸方向） @測定範囲中心	47μm
調整可能ライン位置	0, ±10, ±20, ±30°
調整可能ラインスキャン角度	10,20,30,40,50°
視野角（Y軸）	240°
センサ　一般仕様	
最大測定周波数	最大20,000 Hz
ライン／秒	100
寸法	260×110×65 mm
重量	2100 g

アナログ信号（オプション）

電圧	±4.5 V ± 0.004 V
アナログ出力直線性	±0.1%

インターフェース

通信	Ethernet 10/100/1000 UDP
ソフトウェア開発キット	C, C++, C#, Labview

光源	
レーザの種類	可視光半導体レーザ655nm（赤）
レーザ安全性	FDAIIIa、IECクラス3R（<1mW)(IEC 60825-1:2007 / 21CFR 1040.11と同等)
電気仕様	
電源・電圧	24 VDC±10%　65-265VAC 50/60Hz
同期	
トリガ入力	5 VTTL
ストロボ出力	5 VTTL
耐環境性	
動作温度	18 ～ 45°C
温度安定性	0.03% F.S./°C
許容環境光	15,000 lx

※仕様は変更する場合がございます。

準装備。外部エンコーダからのTTL同期トリガ信号にも完全に対応します。吐出された三次元データは、任意のソフトウェアに対応のため、無償でDLL配布とユーザの利便性に細部まで気を配っています。広汎的なC、C++、LabVIEWに対応しています。

ミラーの角度（初期位置）は付属のソフトウェアにてユーザが自由に設定できるようになっており、高い反射率を懸念される金属やアンダーカットを避けての計測する場合であっても最大で±30°まで任意に設定することでバリエーションの高い測定を可能にしています。さらにカスタムの対応の可能（一定の審査条件あり）となっています。

おわりに

Optimet社では次なるテーマとして、二次元でありながらソフト不要で合否判定ができる製品に取り組んでおります。また皆様にご紹介できる日が近いと考えております。Optimetの次なる挑戦にご期待ください

【筆者紹介】

中田 勉
㈱オフィールジャパン
オプティメット部　セールスマネージャー
http://www.optimet.com/jp/

持ち運ぶ3D表面形状測定機

Portable 3D surface inspection for production environments

NanoFocus μsurf mobile

㈱オプティカルソリューションズ
関　雅也

はじめに

共焦点（コンフォーカル）三次元形状測定装置は、1㎜角程度の狭い範囲を高い分解能で表面形状を測定する測定装置です。多くの測定装置は顕微鏡形状をしており測定サンプルをXYステージ上に置き測定します。そのため測定サンプルは小さく軽くなくてはなりません。大きな物や重い物を測定する場合にはXYステージ上に置けるサイズ・重さに切断する必要があります。その場合サンプルを切断する手間がかかる以外にも、サンプルが再利用できない問題がありました。

本稿では、サンプルのサイズや重さに依存することなく表面形状測定が可能なポータブルタイプの共焦点三次元表面形状測定装置を紹介します。

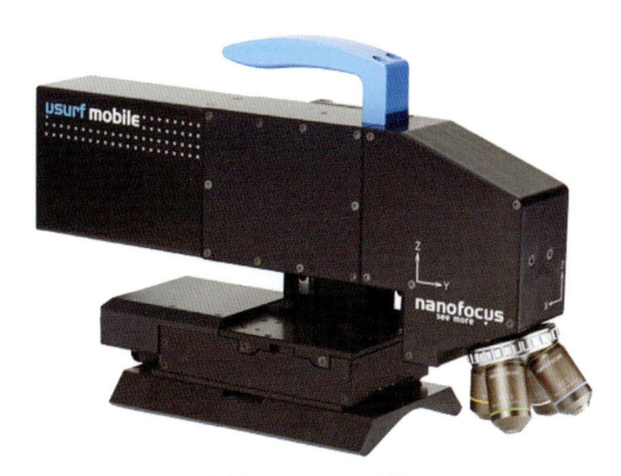

図１　μsurf mobile

製品概要

μsurf mobileは、5.5kgと軽量なポータブルタイプ共焦点三次元表面形状測定装置です。本装置は測定サンプル上に設置して表面形状を測定するタイプであるため、今まで無加工では測定できなかった、大きな物、重い物などを切断することなく測定することが可能です。例えば、グラビア印刷ロール、フレキソ印刷ロール、ワイヤーガイドロール、圧延ロール、車両のパネル・塗装などがあげられます。

本装置は持ち運ぶことを前提に開発されているため、製造工程ごとの現地測定や繊細で移動ができないサンプルを保管場所で測定することが可能です。また現地での作業は、本体とノートPCを数本のケーブルで接続することと、100 ～ 240Vの電源を供給するだけなので測定場所到着後、数分程度で測定が開始できます。

また、高寿命なLED光源と独自のマルチピンホールディスク（MPD）を組み合わせたコンフォーカルシステムは、わずか数秒（2 ～ 8秒）で最小分解能２nmの表面形状を測定できます。また、測定結果はRawデータ出力が基本となっており、指示がない限り補間処理等データ編集は行いません。本装置は光学式のため、測定ポイントがNAを超える急な角度の場合や、光の反射がない素材の場合など、反射光がCCDに到達しない状況においては、その測定ポイントはデータ欠損として表示されます。NanoFocusはデータが欠損した事実を技術者が把握し、その理由が何であるかを判断していただくことが大切だと考えています。

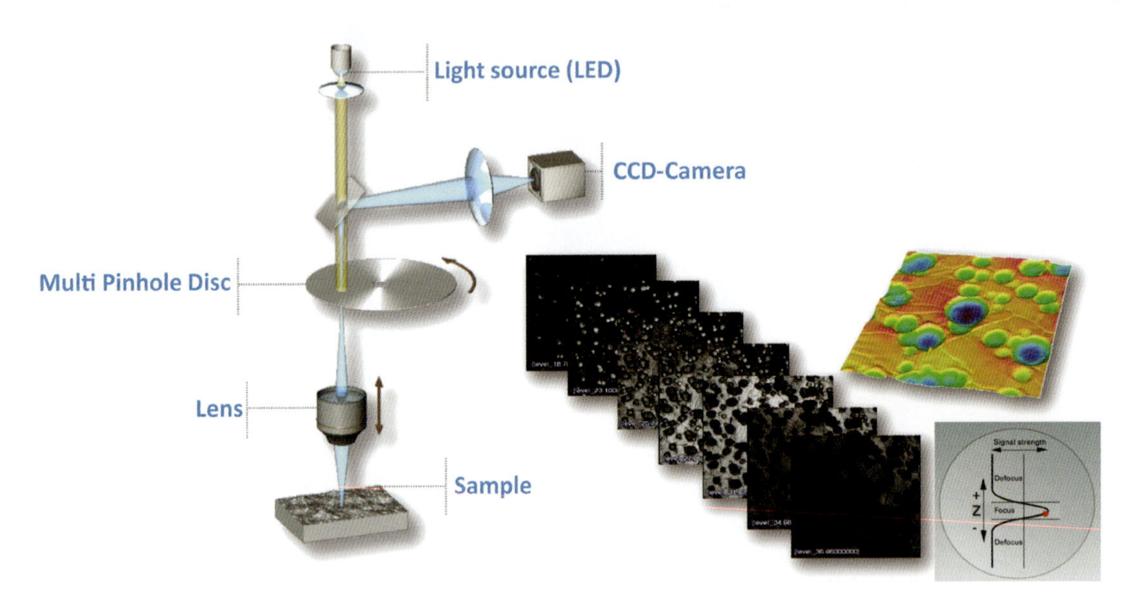

図2　µsurfシリーズの基本構成

マルチピンホールディスク（MPD）

NanoFocus独自のマルチピンホールディスク（MPD）は、複数ポイントの高さ情報を同時に取得し、MPDを回転させることによりわずか数秒で測定視野すべての高さ情報をシームレスでスキャニングします。MPDで取得する複数のポイントは、お互いの光が干渉しない位置関係にあり、従来のリニアスキャン方式に比べ、散乱光による影響やスキャン方向による結果の違いなどが抑えられます。なお、光の反射が強い鏡面仕上げのサンプルや、反射の非常に少ない透明体サンプルであっても、高効率で安定した測定をします。

図3　マルチピンホールディスク（MPD）

HD-Stitching

スティッチング（自動画像繋ぎ合わせ）機能を使用すれば、いくつもの画像を一つの大きな画像として結合することができ、1視野では不足していた測定範囲を補うことが可能です。スティッチングの実行にはプレスキャン画像から指定の範囲を選択する方法と、XYのスティッチング数を指定して実行する方法が選択でき、測定したい範囲を確実に捉えられます。

また、NanoFocusでは、スティッチング時であってもデータ圧縮をしないことが非常に重要なポイントだと考えており、スティッチング数が100以上であっても（およそ3000万の測定点に相当）、画像サイズを圧縮させることなくフル解像度でデータを出力します。

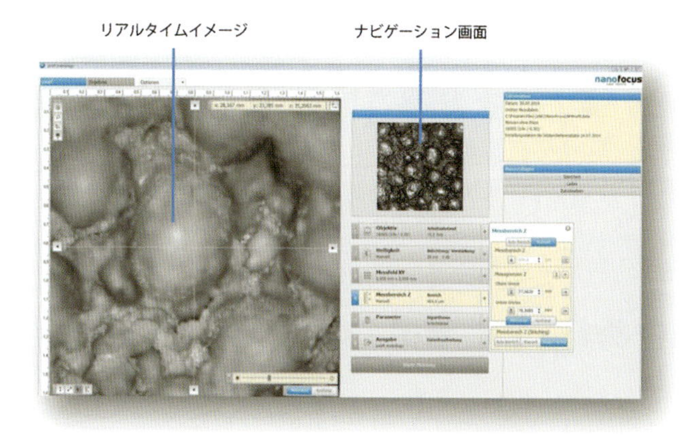

図4　µsurfシリーズの測定画面

Shape Tracing（高さレンジの自動補正）

スティッチング測定において通常の高さ方向オートスキャンでは、測定範囲の下限から上限まで全ての範囲をプレスキャンして高さレンジの測定範囲を決定しますが、Shape Tracing機能を使うことにより、高さレンジを決めるためのプレスキャンをスティッチングごとに行わず、形状追跡をして測定を行います。この高機能なShape Tracing機能は、測定時間を1/7にまで短縮することが可能です。また、従来難しいと言われていた下り斜面に対してもサンプルを追従し測定します。

アプリケーション

NanoFocusがあるヨーロッパでは、多くの鉄鋼/アルミニウムメーカーがµsurf mobileで製造工程に使用する圧延用ロールの表面粗さを管理しています。またその設備で製造された、板材、プレス品、工業製品の品質管理にも使用することで高品質な鉄鋼/アルミニウム製品の製造に役立てています。

自動車メーカーでは、板材をプレスした後のパネル表面測定から、各塗装工程においての塗装面の粗さ、最終工程でのコーティング粗さ・膜厚など品質管理に使用しています。また、塗装中に巻き込んでしまった異物が最終工程でどのような影響を与えるかの解析をするためにも使われています。

印刷業界では、グラビア印刷ロールやフレキソ印刷ロール表面の細かな形状確認用として使用されています。ロールを直接測定することができるので雄型レプリカの製作も必要ありません。印刷ロール完成後の形状確認や摩耗状態を管理することで高品質な印刷をサポートしています。

製紙やフィルム製造業界では、搬送工程でサクションロールやフィードロールなど多くのロールを使用していますが、これらロールの表面管理を怠れば不良品を大量発生させてしまう懸念があります。µsurf mobileで表面解析をすることにより、交換時期やメンテナンス時期を的確に特定して不良品低減に役立てています。

図5　製造現場での使用例

おわりに

本稿では大きな物、重い物を切断せずに表面形状測定するNanoFocus製µsurf mobileを紹介しました。ポータブルでどこへでも持ち運ぶことができるため、製造工程で製品と製造設備の測定、完成品の品質確認、その後の摩耗確認を技術者の知りたいタイミングで測定することが可能になります。今まで、切断を躊躇していたサンプルの表面解析が可能になることで、新製品の開発や、製品の耐久性向上に貢献できるのであれば幸いです。

【筆者紹介】

関　雅也

㈱オプティカルソリューションズ
代表取締役社長
〒101-0032　東京都千代田区岩本町2-15-8
MAS三田ビル3F
TEL：03-5833-1332　FAX：03-3865-3318
E-mail：info@osc-japan.com
http://www.osc-japan.com

高速／高精度／大視野 1ショット測定式 新型3Dスキャナー応用の業種別検査装置

High-speed / High-Precision / Large-area One Shoot Type New 3D Scanner Applied Inspection Equipments for specific industries

インライン用の非接触型高速検査装置

㈱オプトン
與語 照明・田中 秀行・顧　若偉・佐藤 敏男・安藤 和洋

はじめに

当社は20年来、光学式3Dスキャナーの開発を続け、各種非接触3D測定機に応用してきました。3Dスキャナーの原理は、世界的にレーザービームのスキャン方式と、光学すだれ縞の「面」単位プロジェクタ方式に大別できます。当社は開発着手以来、工業用測定機として発展性が高い「面」単位測定にこだわってきました。この方式は、測定精度は高いが、演算量が多く測定時間が長い欠点を持っていました。最近、コンピューターの高速化や、ハード回路による３次元演算プログラムの高速化、高輝度LED、大画素CMOSカメラ等の新技術が出現し、3Dスキャナーに取り入れた結果、性能を格段に高めることができました。測定精度の向上はもとより、1800㎜×1000㎜の広域視野を、２秒以下の１ショット測定が実現できました。

今後は、今までの小型標準3Dスキャナーを多軸機械の先端に取付けて移動する方式を脱して、新型3Dスキャナーによる１ショット測定を基本とする新装置開発に、ビジネス方針を移行していく計画です。以下に、開発中の４シリーズの一端を紹介します。

新型3Dスキャナーの基本性能と応用方針

HA型3Dスキャナー基本性能表（表１、図１）は、標準ケースに納められた標準製品ではありません。１ショット測定の装置開発に必要な基本性能のみを

表１　HA型3Dスキャナー基本性能表

HA…高速１ショット式 3Dスキャナー型式 S, M, L… 測定ワーク概寸 2M2…200万画素×2 5M2…500万画素×2 5M4…500万画素×4 12M4…1200万画素×4	ワンショット測定 キズ/寸法 測定エリア (mm) 横、縦、高さ X、Y、Z			測定レンズ面からの測定距離 テーブル面/ワーク高さ (mm)	光学すだれ縞 LED プロジェクタ 台数/投光時間 (秒)	カメラ 画素数 ×個数	キズ検出/寸法測定 時間 (秒)	（オプション）キズ検査組込ソフトの性能 環境改善下の実用キズ定義　単位（mm）（理論誤差対実用絶対値誤差1：10で設定）①に対し②または③のキズデータが0.5以上の時、キズ有りとみなす。			（オプション）寸法検査組込ソフトの性能 環境改善下の実用測定誤差　単位（mm）（理論誤差対実用絶対値誤差1：10で設定）		
								①凹凸キズ 寸法検出値 (±Z)	②凹凸キズ X方向成分 長さ (XL)	③凹凸キズ Y方向成分 長さ (YL)	Z方向 寸法誤差	X方向 寸法誤差	Y方向 寸法誤差
HAS-A-2M2	150	80	60	120/60	1/0.2	200万×2	0.5以下	0.10以上	0.50以上	0.50以上	0.084以下	0.07以下	0.07以下
HAS-B-2M2	300	150	125	250/125	1/0.2	200万×2	0.5以下	0.10以上	0.50以上	0.50以上	0.126以下	0.10以下	0.10以下
HAS-C-2M2	300	250	175	350/175	1/0.2	200万×2	0.5以下	0.10以上	0.50以上	0.50以上	0.147以下	0.11以下	0.11以下
HAM-D-2M2	400	250	200	400/200	1/0.2	200万×2	0.5以下	0.10以上	0.50以上	0.50以上	0.315以下	0.193以下	0.193以下
HAM-E-2M2	500	300	275	550/275	1/0.2	200万×2	0.5以下	0.10以上	0.50以上	0.50以上	0.32以下	0.21以下	0.21以下
HAM-F-5M4	600	450	375	750/375	2/0.3	500万×4	1.5以下	0.10以上	0.50以上	0.50以上	0.32以下	0.219以下	0.219以下
HAL-G-5M4	800	400	420	850/420	2/0.4	500万×4	1.5以下	0.10以上	0.50以上	0.50以上	0.32以下	0.22以下	0.22以下
HAL-H-12M4	1200	700	500	1000/500	2/0.7	1200万×4	2.0以下	0.10以上	0.50以上	0.50以上	0.32以下	0.23以下	0.23以下
HAL-I-12M4	1800	1000	750	1500/750	2/0.7	1200万×4	2.0以下	0.10以上	0.50以上	0.50以上	0.32以下	0.33以下	0.33以下

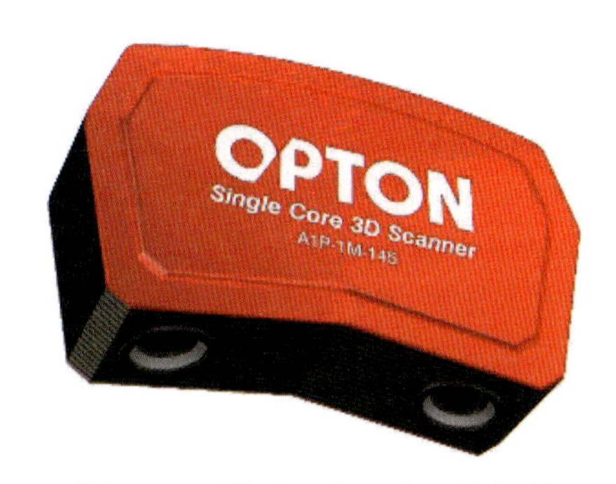

図1　HA型3Dスキャナー基本形

表しています。最適性能と筐体形状は専用装置のデザイン時に、その都度決めていきます。HA型3Dスキャナーの単体販売は、原則行わず、装置化して販売する計画です。

実用化留意点

①上表の基本性能表は、装置開発に適用する時に変更する場合があります。

②精度校正：3Dスキャナーの精度校正は装置組込後に、ISOゲージで行います。

③測定機能の向上対策

- ハレーション対策：測定エリアを２方向から同時測定する等の方式で行います。
- 複雑形状の測定能力向上：２方向から同時測定する方式で行います。
- 角穴、複雑エッジ測定：すだれ縞フリンジを45度回転する方式で行います。

金型／試作ワーク3D測定機「ダイフォーマ」の紹介

プレス金型の横方向1800mm、縦方向1000mm、深さ方向750mmの広域を１ショット１～２秒で測定できる金型非接触3D測定機は世界で唯一、当社のPDF型ダイフォーマかと思います。図２のごとく可搬式で、測定性能は２台以上のスキャナー機能が一体化して収納されているので、広域を１ショットで複雑な表面、深い立壁が同時に測定でき、さらにハレーションにも強い性能を持たせています。測定データは、カラーマップによる可視化により金型修正の工数短縮に活用できます。切削修正する場合は、修正部分のGコードデータ出力も可能です（表２）。

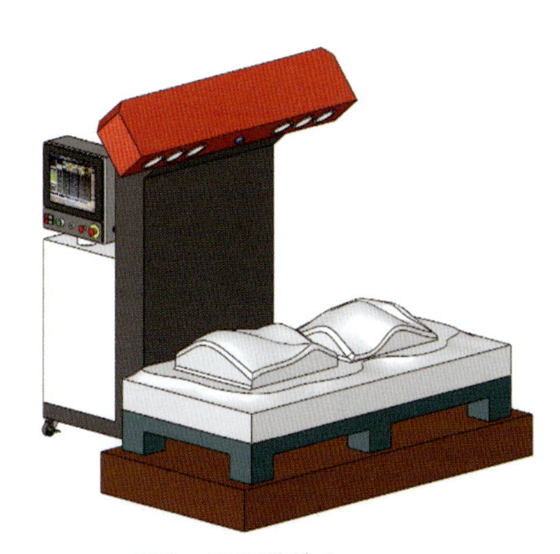

図2　PDF型ダイフォーマ

実用化留意点

①測定能力の安定性対策：太陽光は完全遮光して下さい。室内照明はLED蛍光灯を使用して下さい。

②出荷検査表：測定装置の絶対値化校正をISO基準ゲージで行った後、出荷します。

③測定能力の安定性対策

- 日々精度チェック：装置に固定された既値ゲージを毎回自動測定して、合格時のみ使用可能と

表2　PDF型ダイフォーマ金型測定機概略仕様表

金型3D測定機ダイフォーマ型式	測定機外形状(mm)					3Dスキャナー型式	ワンショット測定エリア金型/試作ワーク(mm)横、縦、高さ X、Y、Z			測定時間(秒)	環境改善下の実用測定誤差 単位(mm)(理論誤差対実用絶対値誤差 1：10で設定)			データ処理（オプション） ・設計CAD/切削CAM誤差カラーマップ ・金型面測定データ対修正金型面測定データカラーマップ ・任意断面誤差カラーマップ ・加工CAM Gコード修正データ生成 ・１ショット測定データ間マッチング ※データ処理はGEMソフト上で行う
	3Dスキャナー幅	スタンド幅	装置高さ	装置奥行	定盤高さ		X	Y	Z		Z方向寸法誤差	X方向寸法誤差	Y方向寸法誤差	
PDF-HAL-G	800	900	1050	1000	200	HAL-G	800	400	275	1.5以下	0.32以下	0.2以下	0.2以下	
PDF-HAL-H	1200	900	1300	1000	200	HAL-H	1200	700	500	2.0以下	0.32以下	0.23以下	0.23以下	
PDF-HAL-I	1800	900	1500	1000	200	HAL-I	1800	1200	750	2.0以下	0.32以下	0.33以下	0.33以下	

なります。

・素材面のほこり、油：ウエス等で必ず除去して下さい。

④測定機能の向上対策：ハレーション防止、複雑形状測定機能、複雑エッジ測定機能ソフトが組み込まれています。

⑤防塵対策：防塵用フィルター経由でシロッコファンにより吸気し内圧を高める方式で行います。

⑥冷却対策：装置使用場所の通年温度により、外付けの冷却／昇温機器を選定し、装置内に取付けます。

パイプ3D形状／付属品測定機「チューブフォーマ」の紹介

小型3Dスキャナー移動式の「クラウドフォーマ」を長年に渡り販売して参りましたが、今回、１ショット測定方式の新型3Dスキャナーを応用した新パイプ測定機「チューブフォーマ」を開発しました（図３）。

この新型測定機の3Dスキャナーは固定式で、横方向1800㎜、縦方向1000㎜、深さ方向750㎜の広域を１ショット測定できるので、測定スキル不要、パイプの長さに係わらず１本につき１～２秒で測定できます（表３）。この高速性を生かすことにより、今までの試作検具は元より、人手による量産検具検査を電子検具マスターとして、インライン上で無人検査が行えるようになりました。パイプ加工業界の省人化、FA化に貢献する「チューブフォーマ」です。

パイプ測定専用のソフト機能概要

- パイプ測定のソフトは、パイプ中心線の交点座標（XYZ）を算出します。
- 測定データとマスターデータの誤差量をパイプベンダーへフィードバックし、形状修正を行います。
- φ１㎜以上の曲げられたパイプの外形測定／中心線交点座標を高速高精度に測定ができます。
- 設計パイプ中心線交点データと測定パイプ中心線交点データが比較できます。
- 曲げパイプの端末形状、パイプに組付けた部品や、単体部品の測定が可能です。
- パイプ検査用検具の測定を行い、バーチャル検具マスターとして、無人で高速に合否判定を行うことができます。
- BEMソフト（外付オプション）：加工データ生成用
- GEMソフト（外付オプション）：上流CADデータからパイプ外形データを抽出、中心線データ生成用

実用化留意点

①測定能力の安定性対策：太陽光は完全遮光して下さい。室内照明はLED蛍光灯を使用して下さい。

②出荷検査表：測定装置の絶対値化校正をISO基準ゲ

図３　PTF型チューブフォーマ

表３　PTF型パイプ3D形状／付属品測定機「チューブフォーマ」概略仕様表

パイプ3D形状/付属品測定機チューブフォーマ型式	測定機外形（㎜）					3Dスキャナー型式	ワンショット測定測定エリア（㎜）横、縦、高さ X、Y、Z			測定時間（秒）	環境改善下の実用測定誤差単位（㎜）（理論誤差対実用絶対値誤差1:10で設定）			環境改善下の実用中心線交点誤差（理論誤差対実用誤差1：10で設定）		
	3Dスキャナー幅	ワークテーブルスキャナー間距離	測定ワーク最大高さ	装置高さ	装置奥行						Z方向寸法誤差	X方向寸法誤差	Y方向寸法誤差	ピッチ長さ誤差（㎜）	ひねり角度誤差（度）	曲げ角度誤差（度）
PTF-HAL-G	800	850	275	1050	1000	HAL-G	800	400	275	1.5以下	0.32以下	0.20以下	0.20以下	0.2以下	0.2以下	0.2以下
PTF-HAL-H	1200	1000	500	1300	1000	HAL-H	1200	700	500	2.0以下	0.32以下	0.23以下	0.23以下	0.2以下	0.2以下	0.2以下
PTF-HAL-I	1800	1500	750	1500	1000	HAL-I	1800	1000	750	2.0以下	0.32以下	0.33以下	0.33以下	0.2以下	0.2以下	0.2以下

ージで行った後、出荷します。

③測定能力の安定性対策

- 日々精度チェック：装置に固定された既値ゲージを毎回自動測定して、合格時のみ使用可能となります。
- 素材面のほこり、油：ウエス等で必ず除去して下さい。

④測定機能の向上対策：ハレーション防止、複雑形状測定機能、複雑エッジ測定機能ソフトが組み込まれています。

⑤防塵対策：防塵用フィルター経由でシロッコファンにより吸気し内圧を高める方式で行います。

⑥冷却対策：装置使用場所の通年温度により、外付けの冷却／昇温機器を選定し、装置内に取付けます。

プレス品キズ／寸法 検査装置「スクラッチフォーマ」の紹介

当社で開発に成功した、大視野１ショット測定式の「面」単位高速3Dスキャナーを応用したプレス品キズ／寸法 検査装置「スクラッチフォーマ」を開発しました。プレス品は、不規則な表面、大きさ、キズ分布の不規則性の上に、キズの定義が定まっていません。当社では、プレス品の大きさが、Ｘ方向1800㎜×Ｙ方向1000㎜×Ｚ方向750㎜の視野を0.5～2秒で１ショット測定ができ、キズ検出の最小単位がＺ方向深さ±0.1㎜、任意ＸＹ方向長さ0.5㎜が可能な、PKF型プレス品キズ／寸法検査装置の基本仕様（表４）を決定し、具体的に当社ユーザーＫ様で稼働中の、コマツ産機㈱製プレスE2W300型に適用するPKF5型プレス品キズ検査装置を製作中です。今後は、これらの経験を基に改良を加えながら、他社プレスメーカー様用のキズ検査装置をシリーズ化していきたいと考えています。ただし、キズ判定は、良品マスターとの比較で行うことが絶対条件です。

図４の「スクラッチフォーマ」で、指定ワークを６秒タクトで検査を行います。ワークは、上面から見ると300㎜×300㎜程度、高さ200㎜程度のドーム形で、２個取りされている、マテハンロボットが吸着したまま第１ステージで内面検査を行いコンベア上

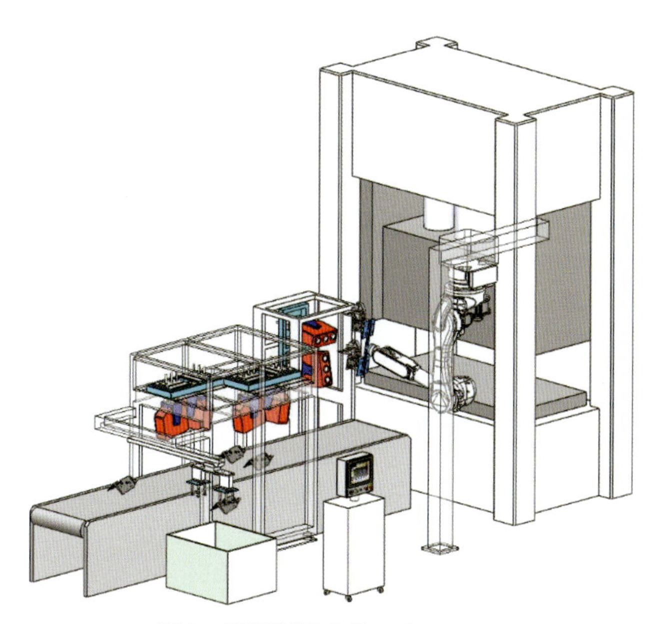

図４　PKF5型スクラッチフォーマ

表４　PKF型プレス品キズ／寸法 検査装置「スクラッチフォーマ」概略仕様表

キズ／寸法 検査装置型式（装置型式＋3Dスキャナー型式＋コマツプレス型式）	プレス仕様				検査装置											
					実績検査タクト（秒）	コンベア検査装置									ロボット検査装置	
						3Dスキャナー				コンベア		フレーム			3Dスキャナー	
	加圧能力(kN)	ボルスター横幅(mm)	最大ストローク数(min^{-1})	実績加工タクト(秒)		型式	数量	キズ最小検出能力(mm)	キズ検出時間(秒)	高さ(mm)	横幅(mm)	高さ(mm)	幅(mm)	奥行(mm)	型式	数量
PKF1-HAS-B3D-E2W110	1100	1660	100	-	-	HAS-B	-	0.1×0.5	0.5	-	-	-	-	-	HAS-B	-
PKF2-HAS-C3D-E2W160	1600	1850	85	-	-	HAS-C	-	0.1×0.5	0.5	-	-	-	-	-	HAS-C	-
PKF3-HAM-D3D-E2W200	2000	2150	70	-	-	HAM-D	-	0.1×0.5	0.5	-	-	-	-	-	HAM-D	-
PKF4-HAM-E3D-E2W250	2500	2400	55	-	-	HAM-E	-	0.1×0.5	0.5	-	-	-	-	-	HAM-E	-
PKF5-HAM-E3D-E2W300	3000	2400	40	6	6	HAM-E	4	0.1×0.5	0.5	850	900	2200	1300	2700	HAM-E	2

に載せると、第２ステージで各ドームの片側を検査し、第３ステージで、反対側を検査します。不良品がある場合は第４ステージで吸着されて、不良品ボックスに投下される方式です。

不良品の対応

- 判定不能の良否境界データ品は、不良品エリアに排出します。
- キズ位置の表示は、ペイントをスプレーします（オプション）。
- 不良品一覧表をプリントアウトします。

実用化留意点

①測定能力の安定性対策：太陽光は完全遮光して下さい。室内照明はLED蛍光灯を使用して下さい。

②出荷検査表：測定装置の絶対値化校正をISO基準ゲージで行った後、出荷します。

③測定能力の安定性対策

- 日々精度チェック：装置に固定された既値ゲージを毎回自動測定して、合格時のみ使用可能となります。
- 素材面のほこり、油：事前に現場で調査し、除去対策の提案を致します。
- 振動対策：フリンジ投光時間0.2秒の間に、0.05mm以下になるよう、現場にて防振調整します。

④測定機能の向上対策：ハレーション防止、複雑形状測定機能、複雑エッジ測定機能ソフトが組み込まれています。

⑤防塵対策：防塵用フィルター経由でシロッコファンにより吸気し内圧を高める方式で行います。

⑥冷却対策：装置使用場所の通年温度により、外付けの冷却／昇温機器を選定し、装置内に取付けます。

ロボット型汎用3D測定機「ロボフォーマ」の紹介

新開発のHA型3Dスキャナーは、１ショット測定の大視野Ｘ方向1800mm×Ｙ方向1000mm×Ｚ方向750mmから、小視野Ｘ方向150mm×Ｙ方向80mm×Ｚ方向60mmに至る、全シリーズの測定スピードが0.5～２秒以下です。大視野の3Dスキャナーをロボットに持たせることで、自動車のホワイトボディに組付けられた、ドア、ボンネット、ルーフ等を１～２ショット程度で測定できます。大物ワークの組立ラインやプレスラインを得意とする、汎用性の高いロボット式３次元測定機です（表５、図５）。

実用化留意点

①量産品の測定は、良品のマスターデータと流れ品の測定データを比較して良否を判定するケースが多く、市販されている汎用ロボットの繰り返し精度が0.05mmレベルにあります。例えば、この繰り返し精度0.05mm＋新型HAL-I型3Dスキャナーの繰り返し精度0.32/10＝0.082mmが、ロボフォーマROF-HAL-I型の繰り返し精度となります。使用場所の振

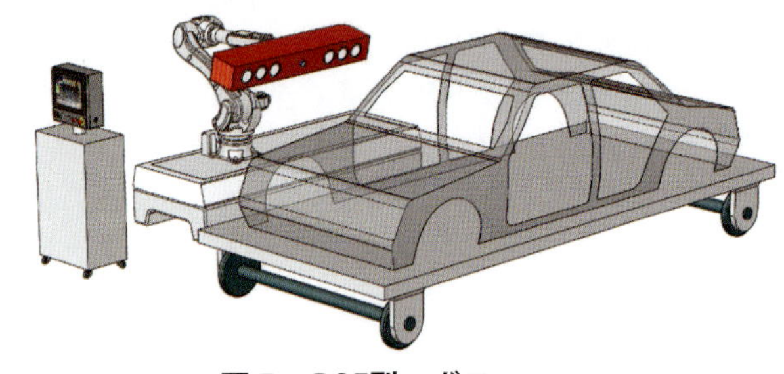

図５　ROF型ロボフォーマ

表５　ROF型ロボット型汎用3D測定機　「ロボフォーマ」概略仕様表

汎用3D測定機 ロボフォーマ 型式	ロボット測定範囲 メーカ型式指定可能 測定移動は、XYZ共直線移動のみで行う				レール移動距離（オプション）	3D スキャナー 型式	3Dスキャナー ワンショット 測定エリア（mm） 横、縦、高さ X、Y、Z			測定時間（秒）	環境改善下の実用測定誤差 単位（mm）（理論誤差対実用絶対値誤差1：10で設定）			データー処理
	型式	Ｘ水平（mm）	Ｙ奥行（mm）	Ｚ高さ（mm）	L（mm）						Ｚ方向寸法誤差	Ｘ方向寸法誤差	Ｙ方向寸法誤差	
ROF-HAS-A	RS10N	300	300	300	600	HAS-A	150	80	60	0.5以下	0.084以下	0.07以下	0.07以下	・設計CAD対測定データ誤差カラーマップ ・任意断面誤差カラーマップ ・１ショット測定データ間マッチングはGEMソフトで行う
ROF-HAS-C	RS20N	500	500	500	1000	HAS-C	300	250	175	1.0以下	0.126以下	0.11以下	0.11以下	
ROF-HAM-F	RS20N	750	500	750	1400	HAM-F	600	450	375	1.0以下	0.32以下	0.219以下	0.219以下	
ROF-HAL-I	RS20N	1000	500	750	1800	HAL-I	1800	1000	750	2.0以下	0.32以下	0.33以下	0.33以下	

動、照明ノイズ等を加味しても0.1～0.3mm程度の繰り返し測定が十分可能です。
②測定能力の安定性対策
太陽光は完全遮光して下さい。室内照明はLED蛍光灯を使用して下さい。
③出荷検査表
測定装置の絶対値化校正をISO基準ゲージで行った後、出荷します。
④測定能力の安定性対策
- 日々精度チェック：装置に固定された既値ゲージを毎回自動測定して、合格時のみ使用可能となります。
- 素材面のほこり、油：ウエス等で必ず除去して下さい。

④測定機能の向上対策：ハレーション防止、複雑形状測定機能、複雑エッジ測定機能ソフトが組み込まれています。
⑤防塵対策：防塵用フィルター経由でシロッコファンにより吸気し内圧を高める方式で行います。
⑥冷却対策：装置使用場所の通年温度により、外付けの冷却／昇温機器を選定し、装置内に取付けます。

おわりに

当社の新型3Dスキャナーの測定性能が、繰り返し精度0.1mm、絶対値精度0.3mm以下で、視野X方向1800mm×Y方向1000mm×Z方向750mmを1～2秒で1ショット測定が可能となり、実用的には、ほぼ成熟段階に来たと思っています。従来の、小型高精度の3Dスキャナーを多軸のNCマシンに取付けてスキャン測定する方式から、大視野高機能の3Dスキャナーをフレームに固定しておく方式で、汎用性の高い測定機がローコストで実現できる様になりました。

今までの生産ラインの品質検査システムの中で、中物から大物の部品生産や、組立ラインのインライン計測が、一段と実現し易くなりました。今後は、業種別に新型3Dスキャナー応用の検査装置を開発し、お客様の省人化、品質の向上に貢献して行きたいと考えております。

当社の将来展望として、従来の塑性加工マシンシリーズと、組み込みソフトを自動生成するT＆F型CNC制御装置シリーズに次ぐ、新型3Dスキャナーを応用した検査装置シリーズの3本柱で成長を目指す所存です。

問い合わせ先

㈱オプトン
〒489-8645　愛知県瀬戸市暁町3-24
TEL：0561-48-3382　FAX：0561-48-7621
E-mail：info@opton.co.jp
http://www.opton.co.jp/

Gz1710-06

3Dビジョンセンサで寸法を正確に維持

Maintain precise dimensions with 3D vision sensors from SICK

SICK AG
アンドレアス・ヴィーゲルメッサー

はじめに

当社のTriSpector1000（図１）は、産業基準で設計された3Dビジョンセンサです。インテリジェントな点検ツールを備えたこのスタンドアロン型ソリューションは、消費財とパッケージの品質管理向けの様々なアプリケーションに適しています。この画像処理センサの魅力は、分解能が非常に高く極めて精緻な特徴も検出可能で、設定と操作が容易であり、あらゆる点検寸法に対して直接利用可能なmm単位の測定値が出力されることにあります。また、自動的に動作し、ギガビットEthernetインタフェースが備わっているため、インダストリ4.0に即してスマートプロセスに統合することも可能です。

図１　TriSpector1000

インテグレータおよびエンドユーザは設定可能なTriSpector1000を使用して、高さ／完全性点検、体積／厚さ／寸法測定、トートボックスの整合性点検、対象物のカウントと位置決めなどの多種多様な点検タスクを、迅速かつ簡単に、しかも高い稼働率を維持しながら実行することができます。これは、プロセスが高速で環境条件が不利な場合でも、多様な部品が混在し、対象物が検出しにくい特性を有している場合でも、あるいは精度要件が極めて高い場合でも、変わることはありません。画像処理は既にTriSpector1000に統合済みであり、１秒間に最高2,000の3Dプロファイルが提供されます。この高分解能の測定結果は、別のPCを使用することなく直接ビジョンセンサによりmm単位の値に換算され、リアルタイムでギガビットEthernetインタフェースを介して出力されます。つまり、TriSpector1000ではあらゆる形態でのインテリジェントな品質管理が可能であり、例えば消費財／パッケージ業界において、完璧な製品およびプロセスを保証し、記録し、さらにトレースすることもできます。

消費財とパッケージの3D点検

商品およびパッケージの光学的点検と管理の目的は、不適切な製品特性、不完全な梱包単位や不十分な識別マークなどを確実に検出することです。これを追求する決定的な要因は、多くの場合製品の安全性、ひいては消費者の安全性を守ることにあります。

TriSpector1000は食品／医薬品／パッケージ業界において、多数の寸法／品質／完全性点検を3Dで確

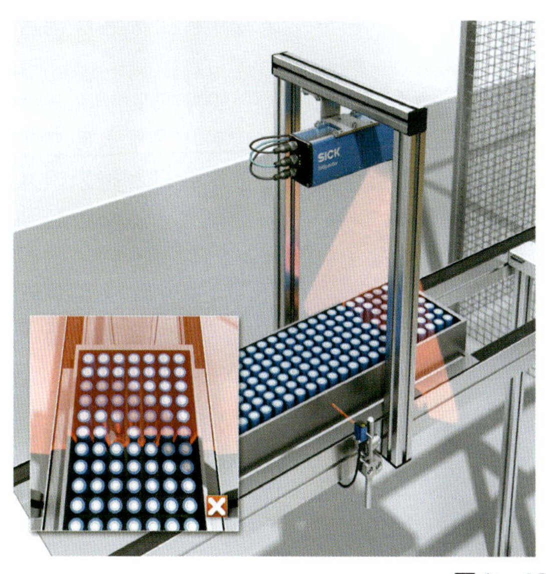

図2　3D点検例

実に遂行するための手段となります（図2）。このビジョンセンサには装置として適切な装備が施されています。頑強で多くの媒体に対する耐性がある陽極酸化アルミニウム製筐体を有しており、保護等級はIP 65またはIP 67から選択可能であり、フロントカバーはガラス製と耐破損性のPMMAプラスチック製が用意されています。

測定はレーザ三角測量の効果で、色、形状、光沢、明るさ、パターン、表面構造などの製品側の要因に左右されることなく行われ、製品上に湿気がある場合でも問題ありません。それに加えて、ビジョンセンサでは強度データも検出可能であるため、ラベルの存在や印刷されたパターンを点検することができます。

TriSpector1000：点検タスクの容易かつ確実なセットアップ

様々な点検タスクと統合要件を最適に実現できるように、製品群TriSpector1000では、56mm ～ 116mm、141mm ～ 514mmおよび321mm ～ 1,121mmという異なる動作範囲に適した3種類のバリエーションが提供されています。シングルハウジングコンセプトにより、どのアプリケーションに対しても形状的に安定した明確な測定状況が保証されます。

レーザ三角測量による動的対象物の3D画像キャプチャは、上述した対象物特性に加えて背景の影響も受けることがなく、照明や外乱光がある状況にも左右されません。従ってインテグレータおよびエンドユーザは、ほぼあらゆる点検プロセスをわずかな手間で、段階的にセットアップすることができます。

まずTriSpector1000の中から、取り付け状況もしくは動作距離に適した仕様を選択して取り付けます。設定インタフェースでは、測定ウィンドウならびにレーザスキャンの設定と調整が可視化されます。コンベア装置の移動速度はエンコーダにより検出され、TriSpector1000内で3Dプロファイルの算出時に自動的に考慮されます。

「統合型ツールボックス」を持つ設定可能なカメラセンサ

次のステップでは、TriSpector1000に統合された四つの画像分析ツール（Shape Locator、Area Tool、Plane Tool、Blob Locator）を、当社の使いやすい設定ソフトウェアSOPASで自由自在にセットアップします。これらのツールにより、多種多様な点検が可能になります。

例えばShape Locatorでは、プロセスでTriSpector1000の検出対象となる対象物（クッキー箱など）の3D形状が、参照画像を介して定義されます。ビジョンセンサのArea Toolは、部品が存在しているか、そして存在している場合は数や高さが正しいかどうかを測定します。その際このツールは、箱などに関してShape Locatorが検出した位置と方向を利用して、測定ウィンドウを対象物の適切な箇所に配置します。Plane Toolは、正しく取り付けられたスクリューキャップなど、表面の角度をプロセス安全性を維持しながら測定して、数ミリ秒以内に評価することを意図した点検タスクに理想的です。

TriSpector1000はBlob Locatorを使用することで、ユーザ定義の範囲内で対象物の位置を、その形状に左右されることなく特定することができます。例えばこれにより、折り箱の仕切りにおいて様々な部品の存在を確実に点検し、包装単位全体の整合性を保証することが可能になります。想定されている内容物の一部が欠けているか、箱の中に部品が過剰に存在している場合は、異常として通知されます。これにより、エラーを上流の供給ステップで検出し、それがパッケージの密封などの下流プロセスで故障の原因となることを回避することができます。

設定の複製による経済性と稼働率の向上

画像処理が統合され、3Dデータ出力の校正が工場出荷時に行われており、測定値がミリメートル単位で統一的に出力されるため、アプリケーション固有の保存データとパラメータを複製することが可能です。機械エンジニアおよびインテグレータはこの方法を活用して、同一の点検タスクを素早く簡単に複製することができます。エンドユーザは故障時に保存データとパラメータを使用することで、時間を失うことなく装置を交換することができます。これによりプロセスの停止状態が最低限に抑えられ、設備の稼働率と生産量が最適化されます。

TriSpector1000：MORE THAN A VISION

産業用画像処理は、産業用生産制御および品質管理向けの自動化技術において、鍵を握る技術のひとつに成長しました。その証拠に、画像ベースのコードリーダ、ビジョンセンサおよび画像処理システムは、当社のポートフォリオ内で大きな割合を占めています。

データと測定値を生成するTriSpector1000などのビジョンセンサは、リアルタイムのフィールドバス環境に統合することで、今日と将来のスマートファクトリーにおいて、プロセス制御の自動化に利用可能な貴重なインフォメーションの供給源になります。従ってインダストリ4.0の環境下での画像処理は、「機械的なビジョン」だけでなく理想像としてのビジョンさえも超える存在、つまり「実現技術」であると言えます。これを利用してサイバーフィジカルプロダクションシステム（CPPS）は、例えばインテリジェントな装置としてその使用を自動で最適化することができ、その結果、反応力がありプロセスに適した生産制御と品質保証が可能になります。TriSpector1000はこれに必要な、インテリジェントな方法で検出、測定、評価および通信を行う能力を備えており、インダストリ4.0の環境下で将来性のあるプロセス管理および品質管理を実現させる力を持っています。

【筆者紹介】

アンドレアス・ヴィーゲルメッサー
SICK AG
工学士（専門大学）、SICK AGのMotion Control Sensors & Vision Solutions分野で国内製品管理を担当

問い合わせ先

ジック(株) ビジョンソリューションセンタ
〒160-0022 東京都新宿区新宿5-8-8
TEL：03-3358-1341 FAX：03-3358-9048
E-mail：support@sick.jp
http://www.sick.jp（ジック）
http://www.3dmachinevision.jp（3Dマシンビジョン）

Gz1710-15

大雨・大雪・濃霧や直射日光も影響を受けない ハイロバストな小型3次元LiDAR

High robust small three-dimensional LiDAR "FX10" which isn't affected from a heavy rain, a heavy snow, thick fog and the direct sunlight.

日本信号㈱
田村 法人

はじめに

近年、パーソナルモビリティなどのロボットや建設機械、農業機械において、周辺の安全確認や物体形状認識に対するニーズが増えています。当社で開発したMEMS（Micro Electro Mechanical System）光スキャナECO SCANと光パルス飛行時間計測法（TOF：Time Of Flight）を融合して3D計測を可能にした距離画像センサ（以下、本センサと示す）は、アクティブ方式（近赤外パルスレーザ使用）のため昼夜を問わず使用が可能であり、ロバスト性に優れています（図１）。特に、レーザ送受信の光学系にECO SCANを用いた同軸光学系とすることで高い耐外乱光特性を実現しました。

距離画像センサは、ゲーム機をはじめとして広く普及していますが、本センサは他社に比べて耐外乱光や全天候対応と高いロバスト性・耐久性に優れています。その特徴を活かし、インフラ分野で多くの納入実績があり、首都圏の鉄道路線においては、雨・雪・霧などが発生する完全屋外の環境で列車とホームドア間の障害物検知（図２）として24時間稼働しています。経済産業省「スマートモビリティシステム研究開発・実証事業」にも参画。トラックの自動運転・隊列走行の実用化に向けて、先行車を高精度でトラッキングする追尾センサとしても使用されています（図３）。

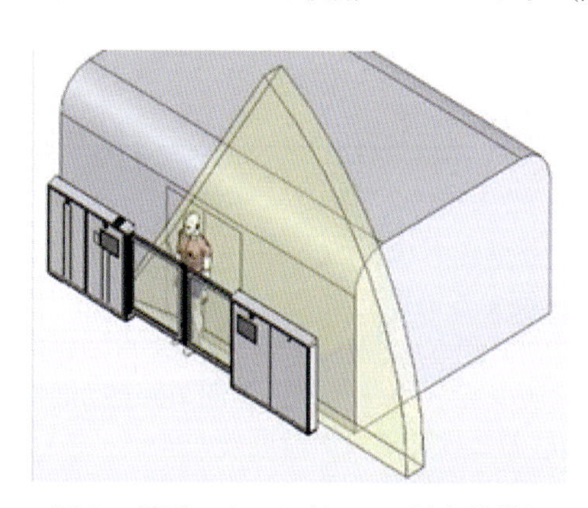

図２　鉄道のホームドアでの障害物検知

図１　３次元LiDAR「FX10」

図３　トラック隊列走行の実証風景
NEDO/エネルギーITS推進事業資料より

また、移動体であるロボットやモビリティに搭載してのSLAM（自己位置推定及び環境地図作成）や周辺検知などにも応用されています（図4）。本稿では、本センサの動作原理やスペックを中心に説明します。

図4　モビリティに搭載しての周辺検知
アイシン精機製電動小型モビリティILY-Ai

距離画像センサ

動作原理

本センサでは、パルスレーザ光がセンサとターゲット間を往復する時間を計測する飛行時間計測法を採用しました（図5）。光は1ナノ秒に約30cm進みます。例えば、センサとターゲットの間の距離が300cm（往復600cm）のときに送受の時間差が20ナノ秒となります。従って、送受の時間差を計測すればセンサとターゲット間の距離がわかります。

図6に本センサの動作原理を示します。TOFによる計測を1測点（1画素）ごとに行い、ECO SCANにて2次元走査することで3次元計測を行っています。

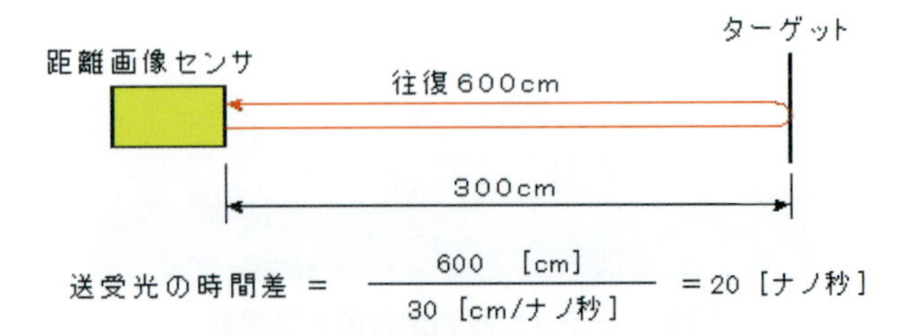

図5　飛行時間距離計測法の原理

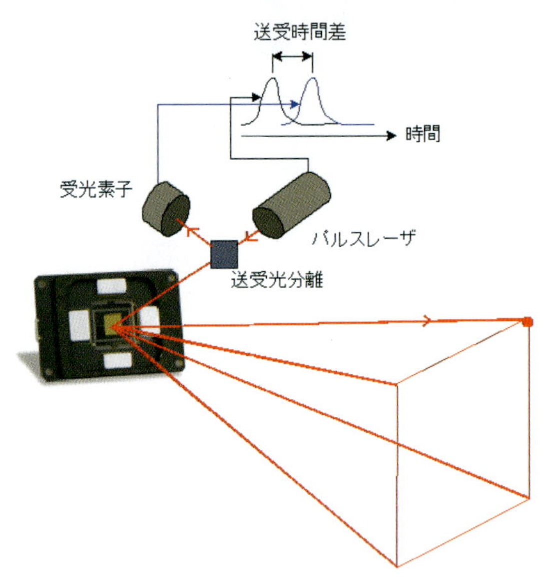

図6　距離画像センサの動作原理

本センサの高い耐外乱光特性を実現している同軸光学系について図7に示します。同軸光学系は受光エリアが狭く且つ投光に合わせて移動するため、高い外乱光特性を実現しています。他方式である分離光学系（図8）は、受光エリアが広く且つ位置も固定であるため、外乱光の影響を受けやすくなっています。

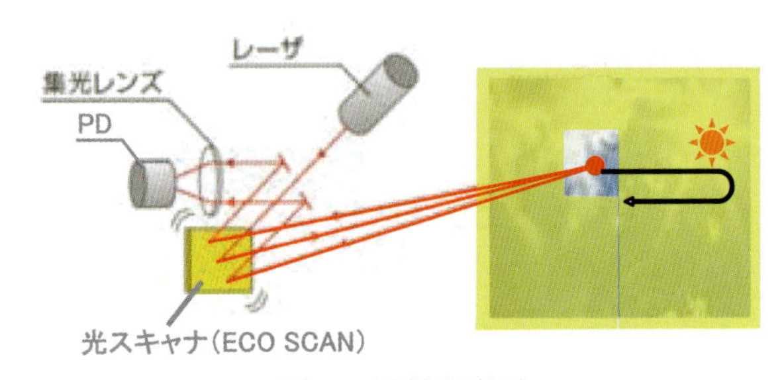

図7　同軸光学系

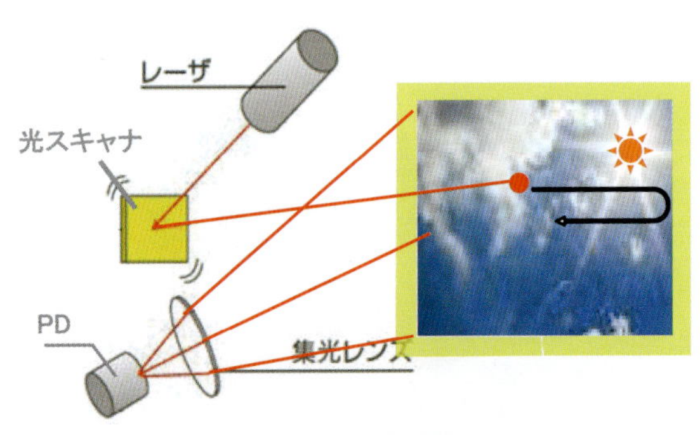

図8　分離光学系

ECO SCAN

ECO SCANは、1993年に東北大学（江刺研究室）と共同で開発を開始し、多数の基本特許（特許第2722314号等）を取得した当社独自の電磁駆動式MEMS光スキャナです。図９にその構成図を示します。可動板（表面にはミラー・コイルを形成）・梁・支持部を形成した単結晶シリコン基板の周辺部に永久磁石を配置することで、本スキャナが構成されます。可動板の外周部に形成したコイルに電流を流すと、永久磁石による磁界との相互作用で回転トルク（ローレンツ力）が発生します。その結果、梁の復元力と均衡する角度まで可動板を傾けることが可能です。ローレンツ力は電流に比例するため、その値を変化させることで可動板の傾きすなわち、光走査の角度（以下、振れ角）を定格の範囲内で自在に変えることが可能です。

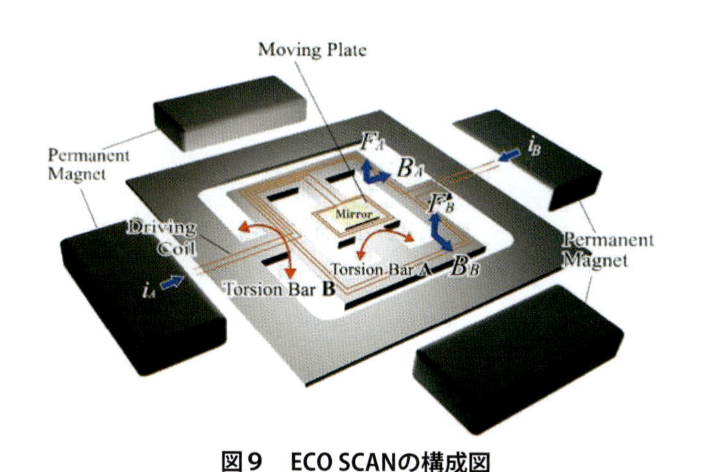

図９　ECO SCANの構成図

２次元走査方式として、図10に示すように、ラスタ走査、ベクタ走査、およびリサジュー走査があります。ラスタ走査を実現するためには、両軸の走査周波数比を必要な走査線数以上にする必要があります。また、ベクタ走査を実現するためには、直流を含む低周波で走査する必要があります。リサジュー走査を実現するためには、両軸の走査周波数比が小さい必要があります。

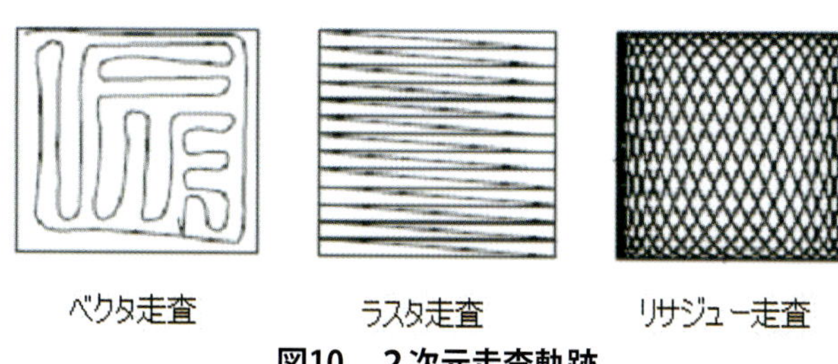

図10　２次元走査軌跡

構成

本センサの構成を図11に示します。制御部によってECO SCAN駆動、レーザ放射タイミングの各制御を行い、２次元ECO SCANによりパルスレーザ光が走査されながら放射されます。ターゲットに当たった反射・戻り光の一部が再び2次元ECO SCANを介して受光素子に至ります。測距計測部にて送受光の時間差から距離を求める構成となっています。

３次元LiDAR「FX10」

開発した３次元LiDAR「FX10」の仕様を表１に示し

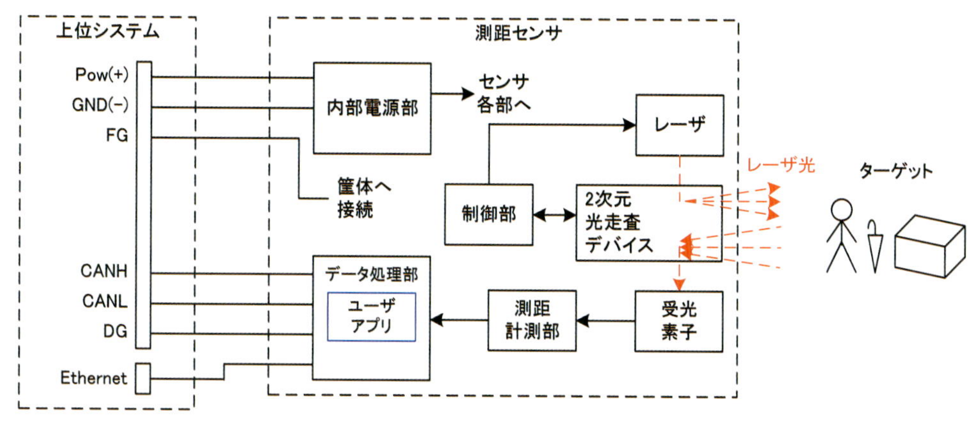

図11　距離画像センサの構成

表1　FX10の仕様

方式	Method		光パルス飛行時間計測法　Time-of-flight		
検出距離範囲	Detecting range		0m～15m		
画角	Laser scanning area	水平 Horizontally	60°		
		垂直 Vertically	50°		
応答速度※1	Frame rate※1		16f/s	10f/s	4f/s
測距点数	Resolution		約53×33	約65×40	約100×60
角度分解能	Angular resolution		20×27mrad	16×23mrad	11×15mrad
距離分解能	Ranging resolution		Min.4mm		
距離精度（繰り返し精度）	Ranging accuracy (Repeatability)		±20～±150mm　@±3σ　反射率12%以上・距離0.3～5m @±3σ, with a reflection rate 12% or more, for diffusion objects, at a distance of 0.3～5meters		
耐外乱光※2	Ambient light resistance※2		200,000lx以上（動作保証）　※IP65		
レーザ安全性	Laser safety standard		Class1（IEC60825-1：2001）		
外形寸法／質量	Dimensions / Weight		W50×H72×D126mm／約0.5kg		
動作温度	Operating temperature		−20℃～+60℃ 屋外対応　Can be operated out door		
耐衝撃性	Impact resistance		X. Y. Z 各方向 30G		
EMC	Electromagnetic compatibility		ISO13766（建機規格）対応		
電源電圧	Supply voltage		DC+12V～+24V		
消費電流	Current consumption		定常時0.5A以下　起動時1.5A以下　Av.:0.5A　Max.:1.5A　@+12V		
外部I/F他	External interface		Ethernet（TCP/IP）・CAN／IMU内蔵		
画像処理部	Imaging processing		内蔵（別売開発キットによりライセンス供与）TRON系		
測距データ出力	Ranging data format		各測点（測距データ1～測距データN）ごとに、距離値12bit・光量値12bit Ranging data and light volume date are output in 12bit every target point 測距データ（Ranging data）1：光量（Lightvolume）12bit／距離（Range）12bit ..... 測距データ（Ranging data）N：光量（Lightvolume）12bit／距離（Range）12bit		

※1：応答速度は切替えが可能です。　Frame rate is selectable.
※2：真夏の太陽を直視すると、およそ130,000lxとなります。（当社調べ）　Direct solar light is 130,000lx in summer season.
※3：検出距離・画角等カスタマイズ対応が可能です。　Customization correspondence of prformance can be performet.
※4：本センサは相互干渉はしません。　This sensor is No cross-talk.
※5：セキュリティー機器には使用できません。　This sensor is cannot use for a security.
仕様は予告なく変更することがあります。　The specification might be changed because of under developing.

ます。特徴は下記の通りです。

■ハイロバスト

真夏の太陽を直視すると、およそ130,000lx（当社調べ）に対してFX10の耐外乱光性能は200,000lx以上であり、非常に優れています。屋外環境でそのまま使用できる防水・防塵の筐体・コネクタとなっています。

■小型・軽量・高信頼性

外形寸法は50×72×126mm、質量は約0.5kgと手のひらに乗るほどの小型・軽量を実現。設計寿命も5年間の連続稼働が可能です。

■画像処理部を内蔵

画像処理部を内蔵することで、用途に合わせたソフトウェアを搭載し、その結果を出力することが可能です。また、お客様にてソフトウェア開発を実施しやすいようにSDK（Software Development Kit）を準備するなどの環境を整えました。

■付加機能

IMUやBluetoothなども搭載することで、LiDARとしての付加価値の向上を狙いました。

おわりに

MEMS光スキャナECO SCANとTOFによる距離計測を融合し、3D計測が可能な3次元LiDAR「FX10」の原理、方式、仕様を紹介しました。

特に建設機械や農業機械においては、一般的に使用されているCAN通信に対応し、IP65や高圧洗車試験（IPX9K）、EMC（ISO13766）にも適合。鉄道のホームドア向け支障物検知でのノウハウ（降雨量100mm/hの条件下でも誤検知無く正確に検知）を生かすことで、モビリティ周辺の支障物や人検知などの安全システムへの採用が増えてきました。

今後は、お客様が気軽に本センサを使用できるようにソフトウェアを充実させ、お客様のニーズである検知距離の長距離版の開発も着手しており、２～３年後を目途に提供していく計画です。

以上のことから、交通インフラに限らず、ロボットや農業機械、建設機械市場へと幅広い市場へ拡大を図っていきます。

【筆者紹介】
田村 法人
日本信号㈱ MEMS事業推進部
〒100-6513 千代田区丸の内1-5-1
新丸の内ビルディング13階
TEL：03-3217-7167
E-mail：ecoscan-s@signal.co.jp
http://www.ecoscan.jp/

Gz1710-03

Time-of-Flightカメラと物流倉庫における成功事例

Time-of-Flight camera and Success story in the distribution warehouse

Basler AG

3D画像の撮影や計量に使用されるTime-of-Flightカメラ

標準的なマシンビジョン向けインターフェースを搭載したBaslerのパルス式Time-of-Flight（ToF）カメラ（図１）は、高い解像度で3Dの形状や体積を簡単に素早く計測します。

図１　Basler ToFカメラ

Basler ToFカメラには強力な赤外線光源が搭載されており、パルスを発することで距離を計測します。このカメラでは、光線が光源から対象物に到達しカメラに戻ってくるまでの時間を計測します。距離が遠いほどかかる時間も長くなる原理を利用して、光源と取得画像を同期させることで、取得した画像データから距離データを算出することができるのです。

このような計測方法は、動物の世界でも見ることができ、例えばイルカは超音波を使用して泳ぐ方向を定めます。当社のカメラも同じ仕組みで撮影を行いますが、音ではなく光を使用します。

パナソニック社が独自に開発した最先端のToF方式CCDセンサーを使用している当社のToFカメラは、１回の撮影で900万か所の奥行きデータを取得しながら最高クラスの2D解像度（VGA）を実現しています。

この製品は１台のカメラで2D画像と距離画像を一度に撮影できるため、2D画像を撮影する能力は残したままで、3Dカメラを簡単に導入できます。また、カメラが１台で済むので、カメラの設定・取付け工程も簡易化され、システムの全体コストを削減できます。

Basler ToFカメラは0mから13mまでの広い範囲で各ピクセルの奥行きデータを取得可能なほか、0.5mから5.8mまでの撮影範囲なら±１cmという高い精度で距離測定を行うことができます。屋内環境で撮影を行う場合は、画像処理を行う際に「立方体の形状をしている」などの事前情報を利用した高い精度の距離測定が必要になります。さらに、近赤外線光源を内蔵しているため、屋内の環境光を通さず、暗闇の中で撮影を行うことができます（図２）。

図２　ToFカメラを使用して撮影した「ジェスチャーコントロール」画像の例

主な特長と仕様（表１）

- 複数箇所の2D画像と3D画像を同時に撮影できるパルス式Time-of-Flightカメラ
- 高解像度（VGA）による3Dイメージングを実現
- 単一機器のみの簡易設計で脱着部品もないため取付けが簡単
- システムコストを削減
- 業界標準インターフェース（GigE）搭載
- 目に安全な近赤外線LED（EN 62471:2008に準拠）を使用
- 屋内用途に最適

主な用途

Basler ToFカメラは、以下のようなさまざまな用途に幅広くご使用いただけます。

物流の自動化

Basler ToFカメラは、箱詰め、箱積み・パレット積み、計量、ラベリング・OCRなどの荷造り作業の補助や倉庫ロボットのサポート、貨物のルーティングに使用できます（図３）。

図３　物流自動化の例

ファクトリーオートメーション・ロボット工学

Basler ToFカメラは、ファクトリーオートメーション・ロボット工学の用途においても幅広く活用できます。例えば、ピンピッキングロボットにToFカメラを搭載することで、以下のような作業が可能になります。

表１　仕様

項目	仕様
センサーメーカー	パナソニック株式会社
画素数(H X V ピクセル)	640 × 480
センサータイプ	NIR
フレームレート[fps]	20 fps
使用範囲	0 m ~ 13 m
精度	+/-1cm*
インターフェース	Gigabit Ethernet, GigE Vision/GenICam 準拠
レンズ	FOV: 57° × 43°
ソフトウェア	Windows と Linux
露光制御	プログラマブル、オートモードまたは外部トリガー信号
シャッター同期モード	外部トリガー、ソフトウェアトリガーまたはフリーランを使用
デジタル出入力	1入力/1出力
動作温度	0° C - 50° C
重量	~0.4 kg
消費電力	24VDC, 15W
適合性	CE, RoHS, GenICam, GigE Vision, FCC, Eye safety EN 62471:2008

仕様およびハウジングは事前通知なく変更されることがあります。

*測定条件:使用範囲 0.5m ~ 5.8m 、反射率 90% 以上の白平面の画像中心部、外乱光の影響のない室内、環境温度 22℃、工場出荷時設定モード。

図4　ピッキングの例

- 物品の位置特定
- 物品のピッキング（図4）
- 物品の取り付け
- 破損品の検出
- 荷積みミスの検出

このほか、Basler ToFカメラは多くの部品検査にも使用でき、包装作業や部品サイズの監視、不良品の発生防止など、製造工程において重要な役割を発揮し、品質検査に大きく貢献します。

医療

医療分野においても、MRTなどの機器を使用した患者のモニタリングや位置調整など、ToFカメラは様々な用途に使用できます（図5）。さらに、生体認証に対してもToFカメラを幅広く導入できます。特に生体認証では、三次元技術が新たな可能性を切り開くと見られています。

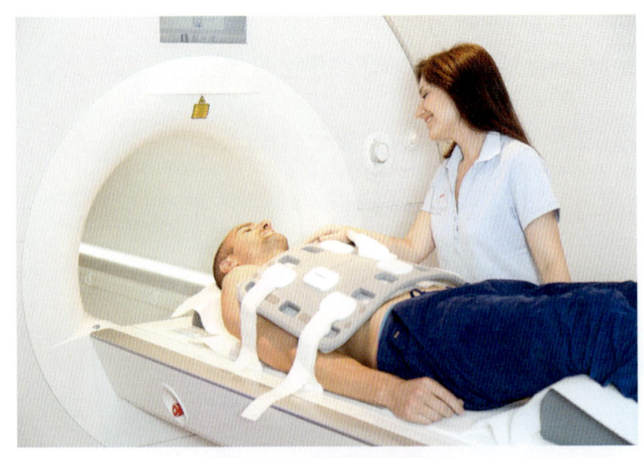

図5　医療分野の例

ロボットカー

ロボットカーにBasler ToFカメラを搭載することで、重要なナビゲーションツールとして使用できるほか、距離情報を活用した障害物の回避や2Dデータによる標準的な画像処理を行うことができます（図6）。

図6　ロボットカーの例
（インテリジェント無人フォークリフト）

成功事例

インテリジェントフォークリフトが可能にするインダストリー4.0時代のスマート倉庫物流

現在の無人運転車は、事前に設定されたルートしか走行せず、変化に対する柔軟性もありません。障害物があれば緊急停止をしなければならず、移動したい物を予定した場所に正確に置かないと次の動作を行えません。しかも、倉庫や製品置き場のどの位置にいるかを把握するために磁気センサーや目印を通路に設置する必要があるなど、現在位置の特定に多くのサポートが必要です。

これらの制約により、無人輸送システムの構築には多大な時間と費用がかかります。コストのかかるサポートがなくても自身で現在位置を特定するという人間が本来備えている能力を持つ機械を開発するため、インダストリー4.0では新しいアプローチに取り組んでいます。

周囲の環境に基づいた現在位置の特定に関する研究プロジェクトの一環として開発されたインテリジェント無人フォークリフト（図7）は、事前に人間が施設内を案内することにより、周囲の環境のあらゆる情報を把握します。フォークリフトに対する指示は、音声またはジェスチャーを使用して簡単に出すことが可能で、倉庫作業員が「このパレットを棚3に保管」などの指示を出すと、フォークリフトは発せられた言葉や関連するジェスチャーを通じてその内容を理解し、たくさんあるパレットの中から求められるパレットを高い信頼性で特定したうえで、指示された保管、ピッキング、移動などの作業を全自動で行います（図8）。

この試験的技術は、自動運転が可能なインテリジェントフォークリフトを通じて輸送物を高い信頼性で特定、ピッキング、移動し、最終的に指示された場所に置くことを目的として開発されました。操作も簡単なため、1人の倉庫作業員で1度に複数のフォークリフトを制御できます（図9）。

図7　インテリジェント無人フォークリフト

図8　ジェスチャーによるフォークリフトへの指示

図9　1人の倉庫作業員で1度に複数のフォークリフトを制御できる

ソリューションとメリット

各フォークリフトに3台のBasler ToFカメラを設置し、それぞれのカメラで周辺環境の三次元情報を収集することで、空間を正しく認識します。2台のカメラは天井部に設置されており、全方向に自由に移動できるようになっています。インテリジェントフォークリフトは、周囲の環境にある目印となる物を把握することで、自身の内部でマップを作成します。また、棚が移動されたり、通路上に障害物が置かれたりするなど、環境に変化があった場合は瞬時に検知し、人間のように障害物を避けて移動するといった適切な対応を行うことで常に現在位置を把握し、倉庫内を自由自在に動き回ります。3台目のカメラは少し改造を加えたBasler ToFカメラで、アーム部に設置されており、パレットの正確なピックアップに使用します。カメラから送られてきた3Dデータを利用することで、フォークリフトは人間によるサポートがなくても、1回でアームをパレットに正確に差し込めるようになっています。

従来のシステムのように、決められた倉庫マップの作成、人工的な目印の設置など、時間やコストがかかる導入前・導入後の作業は必要ないため、経費の大幅削減につながります。無人輸送システムは、将来的に中小企業にとっても画期的な技術になると期待されています。

使用したテクノロジー

- Basler Time-of-Flightカメラ３台
- Jungheinrich社製フォークリフト
- Götting KG社による運転自動化
- iPH社製音声・ジェスチャー指示用人・機械間インターフェース
- ITI社製無人輸送車向けビジュアルナビゲーション
- レーザースキャナー（安全装置）

この成功事例でご紹介したインテリジェントフォークリフトは、まだ販売されていません。関連する技術研究は、ハノーバーメッセ2016で発表されたものです。

問い合わせ先

Basler Japan
〒105-0011　東京都港区芝公園3-4-30
32芝公園ビル404
TEL：03-6402-4350　FAX：03-6402-4351
E-mail：sales.japan@baslerweb.com
https://www.baslerweb.com/jp/

トラッキングシステム向けの3Dレーザースキャナ

3D Laser Scanner for Tracking System

超高速3Dレーザースキャナシステム～ RobotEye RE05-3Dに実装された新機能

㈱ビュープラス
高橋 将史

はじめに

現在、様々な分野で3Dデータが活用されており、それぞれの用途に応じた様々なタイプの3Dスキャナが登場しております。この用途の中には、移動物体のトラッキングというものがあるのですが、遠方の移動物体をそれなりの分解能でリアルタイムに3D計測するシステムはこれまでありませんでした。そこで、当社が取り扱っている超高速3Dレーザースキャナシステムを RobotEye RE05-3Dに、スキャン範囲をダイナミックに制御することができるトラッキング用の新機能を実装しましたので、これを紹介させていただきます。

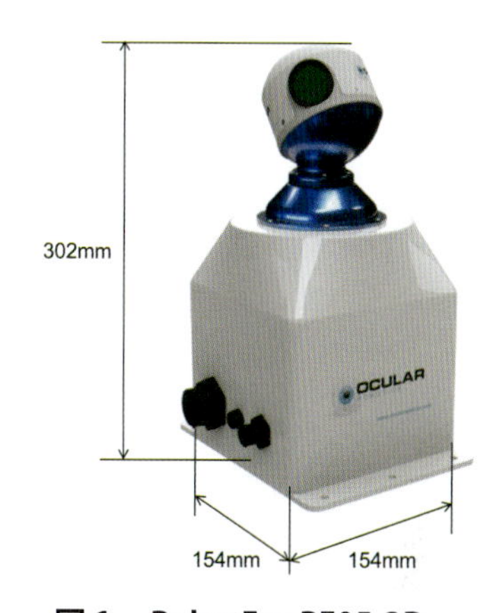

図１　RobotEye RE05-3D

RobotEye RE05-3D

RobotEyeとはオーストラリアのOcular Robotics社が開発したミラーを超高速でパンチルトするシステムで、RE05-3DはRobotEyeユニットとレーザー距離計を組み合わせた3Dレーザースキャナシステムです。

図１に示すようなコンパクトな機器で、レーザーを照射しながらヘッドを駆動して周囲を3Dスキャンし、図2に示すような3Dデータ（ポイントクラウド）を取得することができます。RE05-3Dで計測されたポイントクラウドには、点群の座標（x、y、z）に加えてレーザー受光輝度やタイムスタンプなどが含まれており、図３のポイントクラウドはレーザー受光輝度を元に着色しております。また、図3に示すようにPCと電源を接続し、PCから制御して使用します。

RE05-3Dの仕様を表１に示します。スキャン時のヘッドの最大回転数は１秒間に15回転と高速です。また、最大角加速度が非常に高いため、瞬間的に最大回転数に達することができます。角度分解能と距離分解

図2　RE05-3Dの計測した3Dデータ

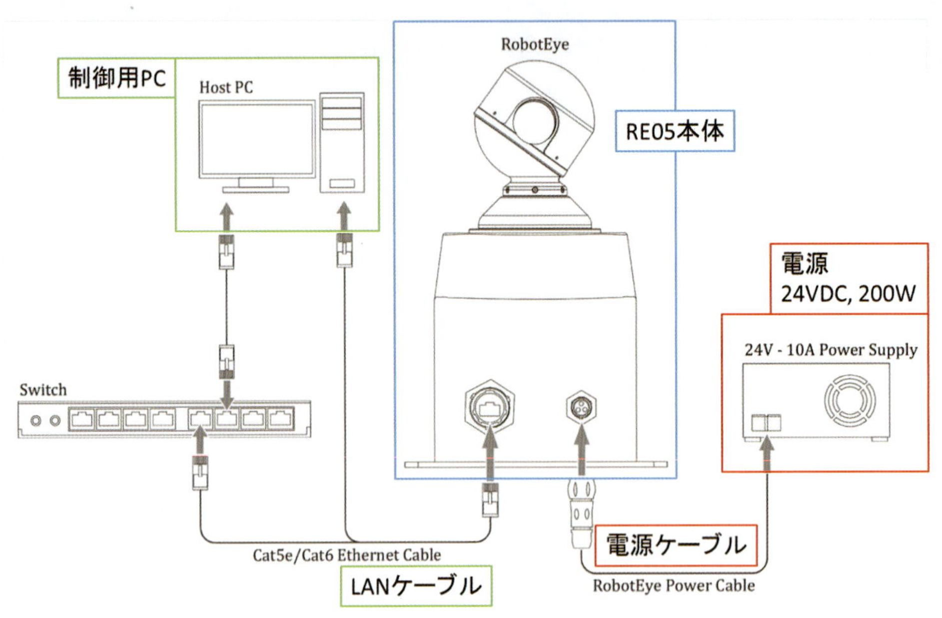

図3　RE05-3Dのシステム構成

表1　RE05-3Dの仕様

最大回転数	方位角：15Hz
	仰角：3Hz
可動範囲	方位角：360°（無限回転）
	仰角：70°（±35°）
角度分解能	0.01°
最大角加速度	100,000 $°/s^2$
重量	2.8kg
寸法	154 × 154 × 302mm
通信	100Mbit Ethernet
電源電圧	24VDC
消費電力	定格：50W
	瞬間最大：200W
レーザー安全クラス	Class 1
レーザー波長	905nm
レーザー拡散角	3mrad
最大サンプルレート	30,000Hz
計測距離	0.5~30m(ρ = 10%)
	~160m($Reflector$)
計測距離分解能	10mm
計測距離精度	±50mm
動作温度	−20~＋50℃
保護等級	IP65

能は空間分解能に関係します。レーザー安全クラスはClass1ということで、裸眼で直視しても問題ありません。最大サンプルレートにつきましては、10,000Hz以下の場合はレーザー受光輝度を取得することができます。計測距離につきましては、レーザー受光ゲインの設定を変更することでさらに遠方を計測することができます。

また、図4に示すようにRE05-3Dには複数のスキャン動作が用意されており、(a)はヘッドを方位角方向に回転しつつ仰角方向に動かすことでスキャン可能な全範囲をスキャン、(b)は(a)に似た動作で仰角の範囲を絞ってスキャン、(c)はヘッドを方位角方向に振りつつ仰角方向に動かすことで方位角・仰角の範囲を絞ってスキャンする動作となっております。

さらにヘッドの回転速度やスキャンライン数を設定することで、スキャン時間やスキャン密度を制御することができます。そして、これらの動作はSDKを用いてプログラミングすることができ、例えば全範囲を粗くスキャンしてからデータを解析し、密に計測したい場所を部分的にスキャンするようなアプリケーションも構築可能です。

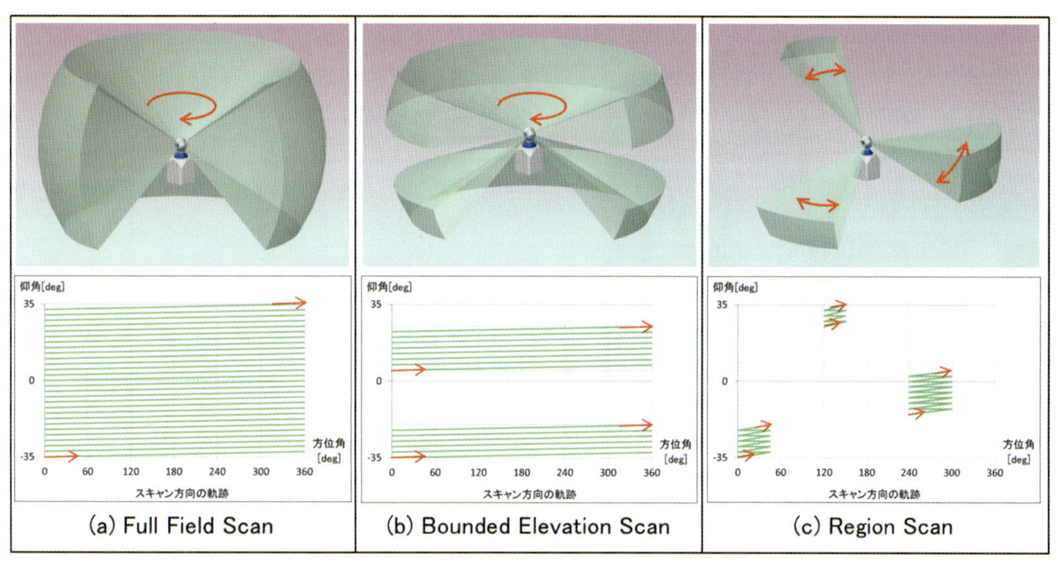

(a) Full Field Scan　(b) Bounded Elevation Scan　(c) Region Scan

図４　RE05-3Dの従来のスキャン動作

新しいスキャン動作

図４の３種類のスキャン動作に加えて、図５に示すようなスキャン動作を新たに実装いたしました。RE05-3Dの動作特性を弊社にて独自に研究して開発した機能となっております。

(d)は(c)に似た動作でスキャン範囲をダイナミックに設定変更しながらスキャンする動作であるため、Tracking Scanと名付けました。スキャン範囲の中心、幅、スキャンライン数をダイナミックに変更できるので、ターゲットの距離の変化に応じてスキャン幅やスキャンライン数を変更することもでき、最適な3Dトラッキングを実現することができます。例えばトンネル内のようなGPSが使えない環境においてドローンの正確な位置や姿勢を把握したい場合などに有効です。

こちらの機能は弊社のオリジナルSDKを用いてプログラミングすることによって使用することができます。サンプルコードも用意しておりますので、簡単に使用していただけるかと思います。また、サンプルアプリでは図6に示すように市販されているUSB接続のジョイスティックで方位角・仰角範囲、スキャンライン数、角速度を制御することができます。図7に示すデータは、Full Field Scanした後にジョイスティ

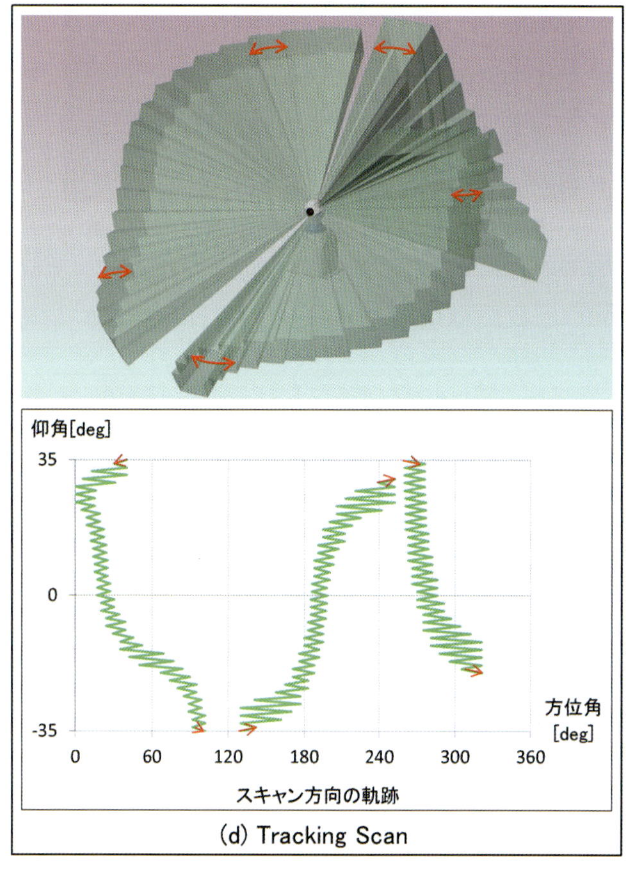

(d) Tracking Scan

図５　RE05-3Dの新しいスキャン動作

ックによって8の字状にTracking Scanしたものです。

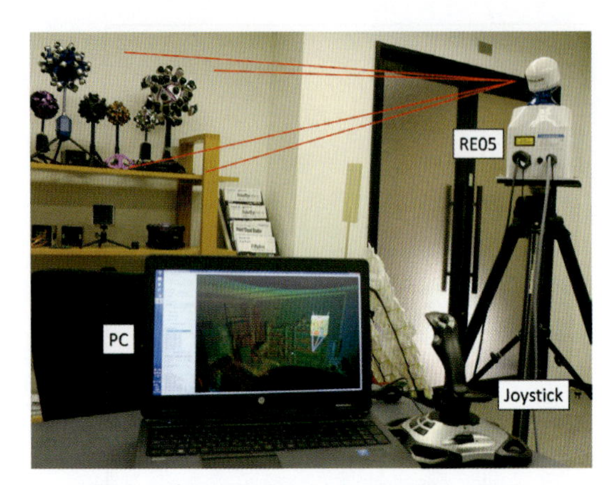

図6　ジョイスティックでTracking Scan

図7　Tracking Scanによって計測したデータ

おわりに

3Dデータの活用範囲はまだ発展途上であり、これから更なる拡大が見込まれております。したがって、他にはない機能を有するRE05-3Dの活躍の場も増えていくのではないかと考えております。

当社で用意しているSDKには3Dデータを扱うための機能も含まれており、背景差分によってスキャンしたデータからターゲットを抽出する機能なども提供することができます。3D関連のアプリケーションをお考えの際は、ぜひ弊社にご相談いただければと思います。

【筆者紹介】

高橋 将史
㈱ビュープラス　技術部
〒102-0083
東京都千代田区麹町1-8-1 半蔵門MKビル4F
TEL：03-3514-2772　FAX：03-3514-2773
Email：sales@viewplus.co.jp
URL：http://www.viewplus.co.jp

Gz1710-09

三次元ビジョン入門　製品・ソリューション紹介

ハンディタイプの非接触レーザースキャナと接触式プローブを組み合わせたポータブルCMM

Non-contact laser scanner of the handy type and Portable CMM which put a contact-style probe together

Optical Tracker System "PRO CMM" シリーズ

㈱マイクロ・テクニカ

はじめに

カナダNDI社のPROCMM（図１）は、ハンディタイプの非接触レーザースキャナと接触式プローブを組み合わせたポータブルCMM（Coordinate Measuring Machine）です。持ち運びが可能でより使い易く、高精度の３次元計測を実現します。３次元CADを用いた形状検査、寸法検査、解析等の３次元検査やモデリング用途のリバースエンジニアリングなど様々なご用途に適した装置です。

Optical Tracker System "PRO CMM"シリーズ

特長（図２）

- 非接触レーザースキャナと接触式プローブを兼用で使用可能。軽量で扱いやすく、取り換えも非常に簡単です。
- 高感度のレーザースキャナによって、計測物の色、光沢の影響受けにくく、幅広い材質の計測が可能です。
- 最大奥行き7.5mの広範囲で計測が可能です。
- 赤外線LEDを用いた独自の位置決めシステムにより、床の振動を防ぎ、容易に位置決めができます。

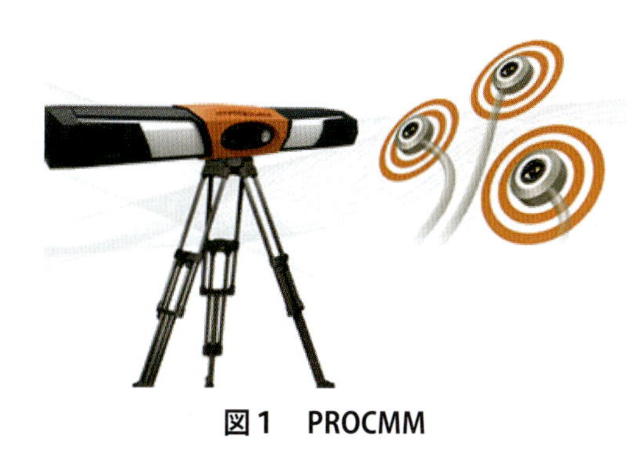

図１　PROCMM

接触式プローブ

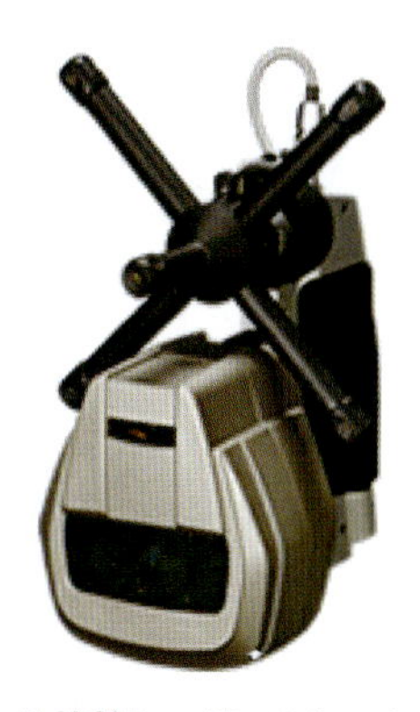

非接触レーザースキャナ

計測範囲最大奥行　7.5m
最大体積　35m²

図２　Optical Tracker System "PRO CMM"シリーズ

・専用のターゲットにより、対象物の振動や移動をリアルタイムに計測可能です。

仕様

PROCMMの仕様、寸法についてそれぞれ表1、図3に、また、各モデルの計測範囲について図4に示します。

表1　PROCMM仕様

寸法	1157(W)×175(H)×230(D) mm
重量	24kg
電源	AC100V-240V, 50/60Hz, 1.0A
機種	Model1000, Model2000, Model3500
寸法	Model1000　1.5-4.5m（$10m^3$）
	Model2000　1.5-6.0m（$20m^3$）
	Model3500　1.5-7.5m（$35m^3$）

ScanTRAK

ScanTRAK（図5）は、945gと軽量で扱いやすく、幅広い材質に対応できるレーザースキャナです。1ライン7640ポイントの点座標を最大60Hzで高速取り込みが可能。幅広い材質に対応し、黒色や光沢面の

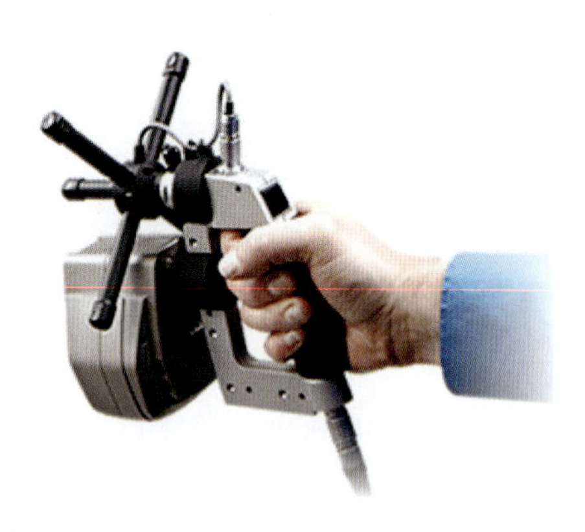
図5　ScanTRAK

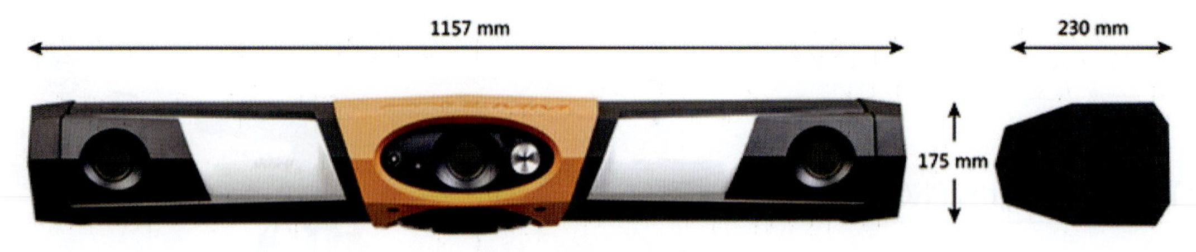

図3　PROCMM寸法

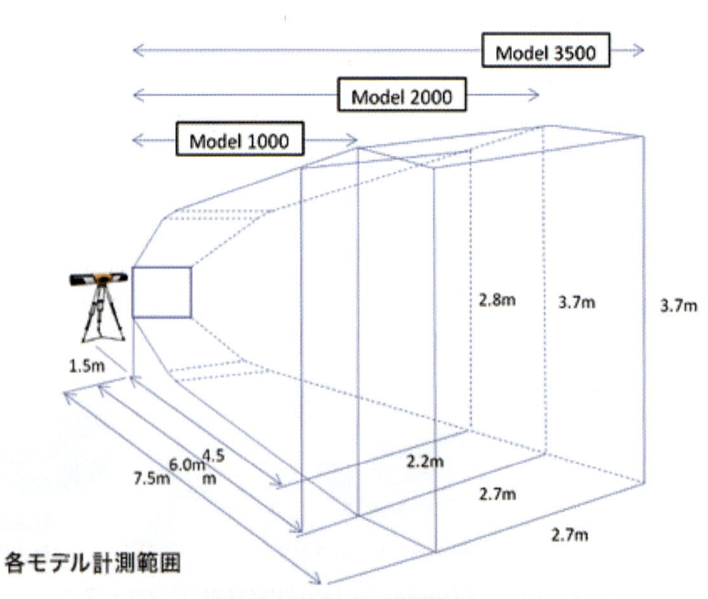

図4　各モデル計測範囲

パウダーレススキャンニングを高精度で実現。

ScanTRAKの仕様

表２にScanTRAKの仕様を示します。

表２　ScanTRAK仕様

項目	仕様
寸法	140(W) x 210(L) x 195(D) mm
重量	945g
スキャン密度	7640points/line
周波数	60Hz(Max)
点間距離	13.7μm(平均値)
スキャンレート	458400points/sec.
焦点距離	100mm(平均)
奥行き	110mm
幅	93mm(near), 105mm(mid), 140mm(far)
計測精度	24μm(2σ corner test) ※NIST規格基準
レーザクラス	Class 2M, 波長660nm
安全規格	UL, CSA, CE
環境温度	10～40℃
保護機能	SensorIP64 / EnclosureIP31

運動解析機能表３、図６

- 独自の専用ターゲットも用いて、容易な３次元アライメントができます。
- また、ターゲットの３次元位置座標（XYZ座標及び６DOF）の計測ができるため、相対的な振動解析やロボットキャリブレーションの分野にも応用可能です。

表３　運動解析機能

項目	仕様
ターゲット解像度	最大2μm(本体対象物間距離　2.5m時)
ターゲット数	最大512個(X,Y,Z,座標計測時)
	最大170個(X,Y.Z,I,J.K座標計測時)
サンプリングレート	最大毎秒4500
機種	Model1000, Model2000, Model3500
計測範囲	Model1000　1.5-4.5m（10m³）
	Model2000　1.5-6.0m（20m³）
	Model3500　1.5-7.5m（35m³）

図６　運動解析機能

運動計測・周波数

運動計測・周波数の例例を表4、図7に示します。

表４　運動計測・周波数（例）

ターゲット数	固定箇所	周波数(Hz)	サンプリングレート
1	–	1530	1530
6	2	575	3450
30	10	140	4200

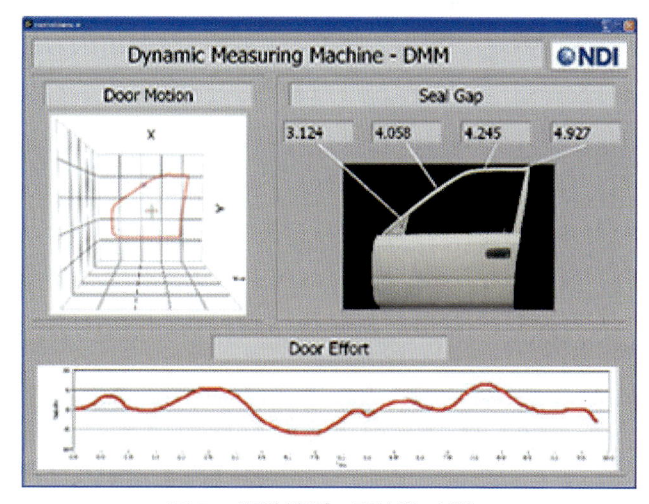

図７　運動計測　周波数（例）

MultiTRAK

複数台のPROCMMを組み合わせて、より広範囲の計測が可能になり、PROCMM本体や計測対象物を動かすこ

図8　MultiTRAK

表5　対応ソフトウェア

Delcam	PowerINSPECT
Geomagic	Studio, Control, Wrap, DesignX, Verify, XOS
Hexagon	Quindos
InnovMetric	PolyWorks
Metrologic Group	Metorog X4
MobiGage?	
New River Kinematics?	Spatial Analyzer
Verisurf	Verisurf X6
Zeiss	Calypso, HOLOS NT

※：本稿に記載されている社名、商品・ソフトウェア名は、各社の商標または登録商標です

となく、作業効率が大幅に向上します。

計測範囲

- Model3500　2台使用時　10.5m（55m³）
- Model3500　4台使用時　最大100m³

対応ソフトウェア

NDI社のPROCMMでは各種の3D検証ソフトウェアに対応しています。

問い合わせ先

㈱マイクロ・テクニカ　システム3部
〒170-0013　東京都豊島区東池袋3-12-2　山上ビル
TEL：03-3986-3143　FAX：03-3986-2553
E-mail：3sales@microtechnica.co.jp
http://www.microtechnica.jp

超高速　光干渉断層計測三次元センサー

Super-high-speed optical coherence tomography measurement three-dimensional sensor

heliotis社製 heliInspect H6

㈱リンクス
富田 康幸

はじめに

対象物の三次元形状を計測する手法は様々だが、サブミクロンオーダーで計測可能な高精度三次元計測手法として、光干渉法があります。

当社では、2013年初頭よりheliotis社（スイス）の光干渉断層三次元計測センサー「heliInspct」の取扱いを開始しました（図１）。heliotis社の光干渉断層計測三次元センサーは、対象物の三次元形状をサブミクロンの高精度で計測することを可能としています。従来はその計測タクトゆえインライン用途には適用が難しかった干渉計ですが、スイス政府の支援のもとCMOSベースの専用ASICを研究開発し、素子内で超高速データ処理を行うセンサー“heliSens3”により、計測時間の劇的な短縮と超高精度を高いレベルで両立しています。

通常の画像処理では困難であった透明な液面やガラス、反射率の高い金属などの形状計測も、正確に計測することを可能としており、レンズ表面形状検査、膜厚検査など、これまで困難とされてきたアプリケーションへの適用が期待されます。

図１　heliInspect H6

heliotis社の干渉計の優位性

光干渉計の原理

光干渉法では、光源から照射された光がビームスプリッタで二分され、一方は対象物に、もう一方は参照ミラーに反射して、センサーに入光します。この二つの光路長が同じ値に近づくとき、光の干渉が発生し、輝度が周期をもって振幅が大きく振れます。この光が最も強め合うポイントが対象物までの距離を正確に表すことになります。センサーと対象物の距離を変化させる（計測デバイスを動かす）か、参照ミラーの位置を変化させることで、二つの光路長が等しくなるポイントを探索します（図２）。

超高速スマートピクセルセンサー “heliSens3”

光干渉法では、光路長を変えながら光の強度を計測し、光の強度変化が局所的に最大になるポイントを正確に取得しなければなりません。そのためには膨大な数のサンプリングが必要となり、センサーのフレームレートが撮像速度に直結します。

光源の波長をλ、Z方向の走査速度をvとすると、干渉の周波数fはv/2λとなります。例として、λ＝800nm、v＝5mm/sとすると、f＝12500hzとなります。干渉縞の包絡線を正確に復元しようとするためには少なくとも波長１周期につき３～４枚は撮像が必要なため、４ショット／１周期とすると、50000fpsで撮像する必要があります。これは通常のセンサー

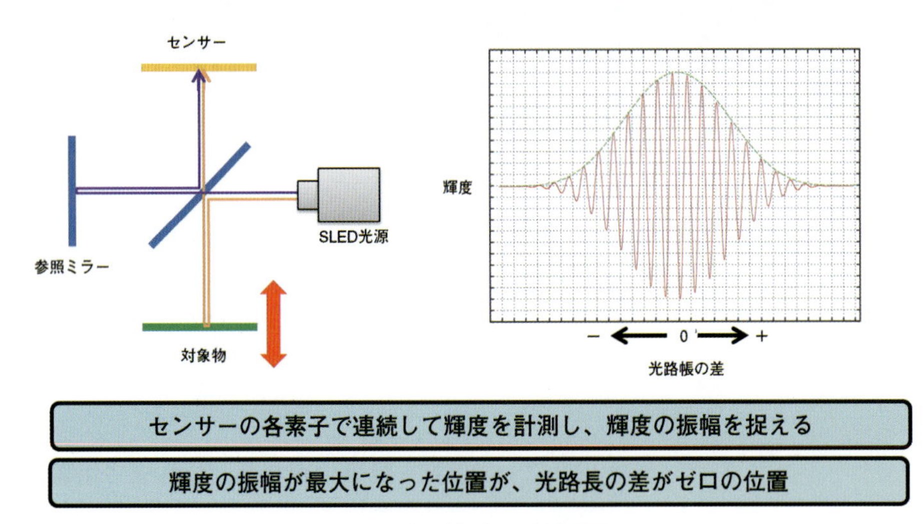

図2　光干渉計の計測原理

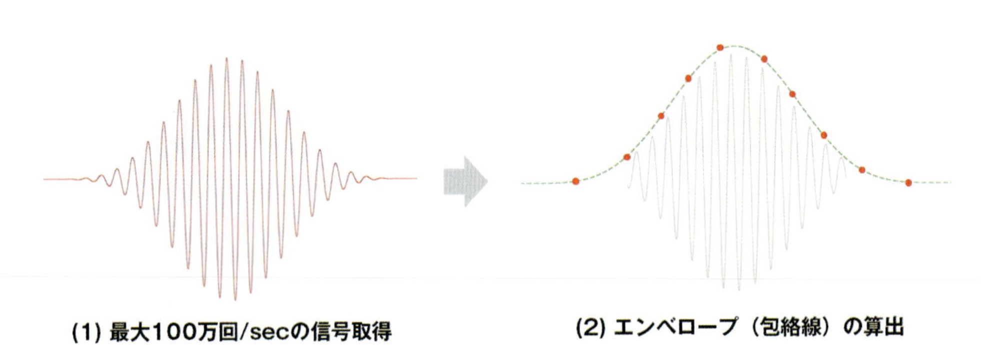

(1) 最大100万回/secの信号取得　(2) エンベロープ（包絡線）の算出

図3　heliSens3内の処理

では到底達成できる数字ではありません。500fpsの超高速カメラを使用したとしても、1秒間で撮像できるZ方向の走査レンジは50μmとなり、1mmの高さを計測するために必要な画像を撮像するだけで20秒というタクトが必要となります。また、撮像後には500fps×20秒 ＝ 10000枚の画像データに対して各ピクセルにおける輝度ピークを求める処理が待っています。従来の干渉計測デバイスは高精度ではあるが、三次元データの取得には数秒～数十秒の時間を要するものとして認識されてきました。

heliotis社は、光干渉法に特化した超高速なCMOSセンサー‘heliSens3’を自社開発することで、従来の干渉計の常識を覆す速度を獲得しています。heliSens3では、300×300ピクセルに対して1秒間に最大100万回の信号計測を可能としており、振幅のピークを求めるために必要な情報を超高速に取得することが可能です。加えて、heliSens3はセンサー1ピクセルごとに処理回路を持たせたスマートピクセルセンサーとなっています。取得した膨大なデータをそのまま出さずに、干渉波形データからその包絡線を算出し、高さ計測に必要なサンプリング情報のみを最大5000fpsで出力することを可能としています（図4）。これにより、干渉計を原理としながらも1視野あたり数100msという劇的な高速化を実現し、インライン用途での使用をも可能にしています。

図4　超高速スマートピクセルセンサー heliSens3

極めて広い適用可能範囲

heliInspectでは、近赤外のSLEDおよび赤色LEDを光源として標準採用しており、鏡面に近いような金属表面の形状検査も可能です。また、heliSens3の通常の画像センサーにおけるダイナミックレンジに相当する指標は110dBと非常に大きな値を持っています。このため、基板検査のような、反射率の高い部分と低い部分が混在するような対象物においても同時に計測することが可能です。

また、レンズやガラスといった透明体に関しても計測を可能としています。加えて、干渉計では断層計測を基本としているため、近赤外光を透過する複数の層から構成される対象物であれば各層の三次元データを取得することも可能です。

製品形態／ラインアップ

heliInspect ラインアップ

heliInspectでは要求の視野／分解能に合わせて7タイプ（H6：6タイプ、H4：1タイプ）から選択できます（表1）。12mm角程度の広視野のタイプから、顕微鏡のような高分解能までをカバーするラインアップとなっています。H6では光学系が脱着式となっており、容易に視野／分解能を変更することが可能です。

適用事例

BGA検査／コプラナリティ検査

電子部品において高精度な高さ計測が要求されるアプリケーションとして、BGAの高さ検査やリードのコプラナリティ検査が挙げられます。反射率の高い半田ボールの部分に対してベースとなる面は反射率が低いため、縞投影などでは難しい対象物です。加えて、近年では小型化が進んでおり、精度も高いものが求められます。heliSens3を搭載した卓上計測機にて計測した結果を図5に示します。

表1　heliInspectラインアップ

製品名	heliInspect H6						heliInspect H4
垂直方向繰返し精度	100nm（位相計測モード：2nm、ピエゾ駆動オプション：16nm）			100nm（位相計測モード：5nm）			100nm（位相計測モード：20nm）
水平方向分解能	0.8 µm	2 µm	4 µm	5 µm	10 µm	20 µm	40 µm
視野（mm）	0.22 × 0.23	0.56 × 0.58	1.12 × 1.17	1.4 × 1.45	2.8 × 2.9	5.6 × 5.8	11.2 × 11.7
WD（mm）	2.52	3.57	3.57	14.1	55.8	56.6	16 .0
光源 / 波長	LED / 640 nm						
本体サイズ	H147mm x W75mm x D45mm						H197mm x W90mm x D48mm
重量	2.6kg（ステージを含む、光学モジュールを除く）						2.8kg（ステージ・光学モジュールを含む）
ソフトウェア	組込み用SDK（HALCON, C++, LabView, Python）						

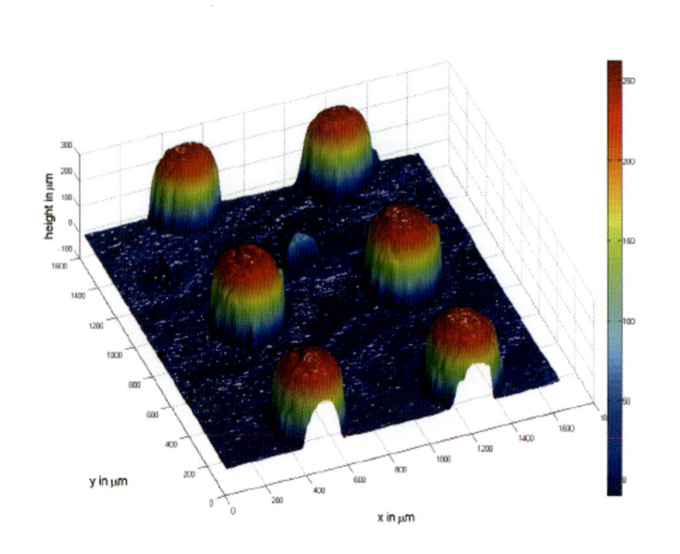

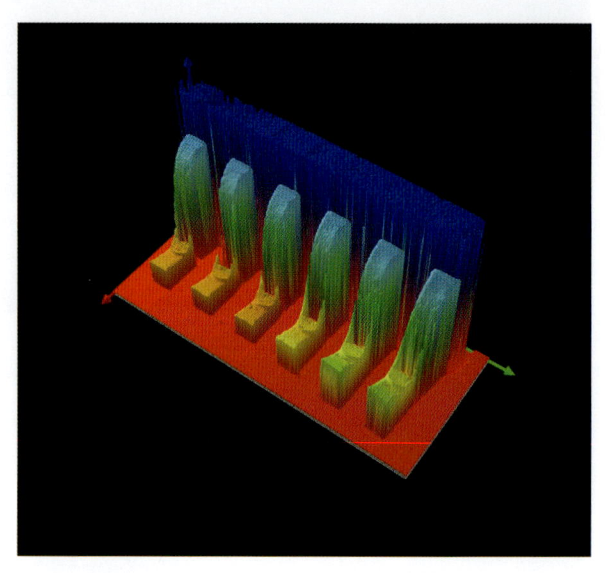

図5　BGA検査/コプラナリティ検査

ガラス・レンズ

光干渉計ではガラスやレンズなどの透明体の計測も可能です。カメラのセンサーに取り付けられるマイクロレンズなどは、精度の高さと透明体の計測の両条件を満たす必要がありますが、本製品に非常に適したアプリケーションということができます。

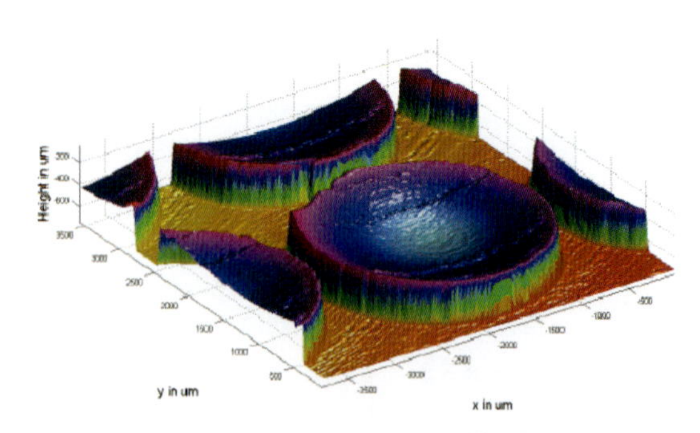

図6　マイクロレンズ検査

おわりに

本稿では、heliotis社の光干渉断層計測三次元センサー heliInspectシリーズの優位性を紹介しました。独自開発の超高速スマートピクセルセンサーheliSens3により、劇的な計測時間の短縮とコスト低減を実現し、インライン用途においても適用を可能としています。また、金属表面や透明体、反射率の大きく異なる対象物も計測が可能であり、これまで実現が困難であったアプリケーションに対するソリューション提供を可能としています。

我々は、様々な市場の課題やニーズを吸い上げ、ブレイクスルーとなりうる最新技術を提供してきました。当社は、お客様のシステムの市場価値を高めるより良いコンポーネントおよび機能の提供に、今後も注力していきます。

【筆者紹介】

富田 康幸
㈱リンクス　画像計測システム部
〒225-0014　神奈川県横浜市青葉区荏田西1-13-11
TEL：045-979-0731　FAX：045-979-0732
E-mail：info@linx.jp
http://www.linx.jp/

〈東京本社付近図〉

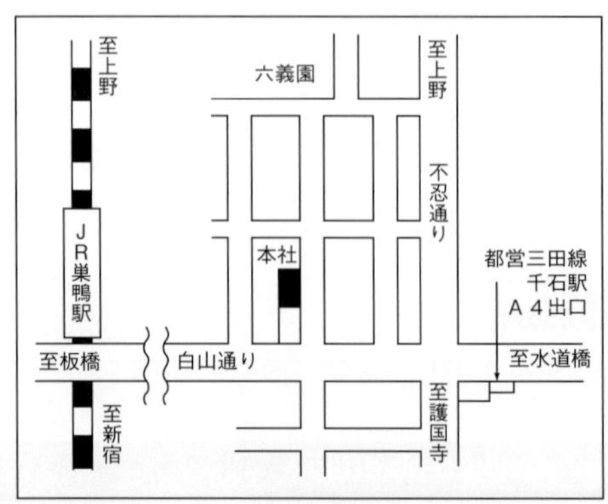

月刊 画像ラボ別冊

三次元ビジョン入門

編　　集　月刊画像ラボ編集部
発 行 人　小林 大作
発 行 所　日本工業出版株式会社
発 行 日　平成29年10月10日
本　　社　〒113-8610　東京都文京区本駒込6-3-26
TEL03（3944）1181㈹　FAX03（3944）6826
大阪営業所　TEL06（6202）8218　FAX06（6202）8287
販売専用　TEL03（3944）8001　FAX03（3944）0389
振　　替　00110-6-14874
http://www.nikko-pb.co.jp/　E-mail：info@nikko-pb.co.jp

ISBN978-4-8190-2921-6　C3455　¥1500E　定価：本体 1,500 円＋税

本誌の広告に対する資料等のご請求はこのFAX用紙または ホームページ（http://www.nikko-pb.co.jp/）をご利用下さい。

日本工業出版㈱　資料請求係行

該当雑誌に○でお囲みください。

■配管技術　■油空圧技術　■建設機械　■超音波TECHNO　■住まいとでんき
■光アライアンス　■検査技術　■ターボ機械　■環境浄化技術　■計測技術
■建築設備と配管工事　■クリーンテクノロジー　■福祉介護テクノプラス
■月刊自動認識　■画像ラボ　■クリーンエネルギー　■プラスチックス
■機械と工具　■流通ネットワーキング

の　　年　　月号を見て下記広告資料を請求いたします。

ご請求者		
	会社名：	お名前：
	住所：〒	
	部署名：	メールアドレス：
	TEL：	FAX：

■カタログ請求会社■

資料請求No.	会社名	製品名

※表紙広告1,2,3,4の資料請求No.は表紙1は00A表紙2は00B表紙3は00C表紙4は00Dとして記入してください。

〈個人情報について〉お申込みの際お預かりしたご住所やEメールなど個人情報は事務連絡の他、日本工業出版からのご案内(新刊案内・セミナー・各種サービス)に使用する場合があります。

FAX：03-3944-6826

（ホームページ・FAX24時間受付）

資料請求No.　009

画像ラボ Image Laboratory

画像関連製品 製造販売会社一覧 VENDORS LIST

『ベンダーズリスト 画像関連製品製造販売会社一覧』掲載会社は、当社HPとのリンクサービスを行っております。各掲載会社様への詳細な情報、問い合わせの際は、是非ご活用ください。

日本工業出版ホームページ http://www.nikko-pb.co.jp

I　光源・レンズ

社　名	連絡先	製品概要
㈱飯田照明	〒607-8133　京都府京都市山科区大塚中溝81 TEL　075-205-5177　FAX　050-3488-8868 http://www.led-kogen.com info@led-kogen.com	新登場 !! ラインセンサー用導光板LED照明 “FLAT☆STAR MV” ●クラレ社と共同開発した業界最高クラスの高効率導光板で超高出力を実現（70,000lx WD100mm） ●導光板だから均一面発光、紫外線から白色、赤外線まで、電源・制御回路もすべてラインアップ ●驚きの価格：600mmタイプが電源回路セットで80,000円、1200mmが100,000円（3m超も対応可）
㈱イマック	〒524-0215　滋賀県守山市幸津川町1551 TEL　077-585-6771　FAX　077-585-6773 http://www.kkimac.jp led_sales@kkimac.jp	画像処理用 LED照明＆調光電源 ●自然空冷では業界最高クラスの明るさ ラインセンサ照明「IDBB-LSRH series」 ●ローアングル～ハイアングル照射が可能なリング照明「IMAR series」 ●LAN調光　多CHオーバードライブ電源「IJS series」など 照明ラインナップの充実に加え、制御含めて最適なライティングをご提案をさせていただきます。各種カスタマイズ、無償貸出も行っています。FA機器グループもありますので、搬送部分のご相談も承ります。
㈱ヴイ・エス・テクノロジー	〒106-0041　東京都港区麻布台1-9-19 TEL　03-3560-6668　FAX　03-3560-6669 http://www.vst.co.jp/ sales@vst.co.jp	画像処理用・マシンビジョン用光学レンズ ●マシンビジョン・マクロレンズ『MCシリーズ』●ディストーションレス・マクロレンズ『LDシリーズ』●テレセントリックレンズ『TCシリーズ』●マクロズームレンズ『VSZシリーズ』●CCTVレンズ『SVシリーズ』●光学部品及び周辺機器の加工製造・販売　その他カスタムレンズ（光学部品）OEM・開発・設計・製造いたします。
エドモンド・オプティクス・ジャパン㈱	〒113-0021　東京都文京区本駒込 2-29-24 パシフィックスクエア千石4F TEL　03-3944-6210　FAX　03-3944-6211 http://www.edmundoptics.jp/　sales@edmundoptics.jp	EOは、あなたのイメージング・ソリューション・プロバイダです。 ● 800品目を超える在庫品イメージングレンズ（固定焦点、テレセントリック、固定倍率） ● ビジョンシステム全体の構築を可能にする広範な製品群 ● 詳細な仕様（MTF、ディストーション、周辺光量比、被写界深度、2D & 3D図面） ● 部分修正やカスタマイズにも対応
オプテックス・エフエー㈱	〒600-8815　京都府京都市下京区中堂寺粟田町91 京都リサーチパーク９号館 TEL　075-325-2920　FAX　075-325-2921 http://www.optex-fa.jp/　fa@optex-fa.com	センシング機能を搭載しながら最大５倍明るさアップ、最大43%価格ダウンを実現した「センシング照明」など、独自機能搭載のLED照明およびコントローラを豊富にラインアップしています。特注対応可。無償貸出も承ります。
㈱オプトアート	〒136-0071　東京都江東区亀戸4-54-5 TEL　03-5628-5116　FAX　03-5628-5113 http://www.optart.co.jp sales@optart.co.jp	画像処理用テレセントリックなどのFAレンズやCCTVやラインセンサーなどのカメラレンズを設計・製造・販売まで対応。豊富な標準品の販売からカスタムメイド品の試作から量産まで幅広く請け負います。 ●テレセントリックレンズ　●ディストーションフリーレンズ　●CCTVレンズ　●ラインセンサーレンズ ●185°フィッシュアイレンズ　●赤外線レンズ　●電動ズームレンズ　●エンドスコープ ●LED平行光投受光システム　●OPTO-ENGINEERING社日本総代理店
京都電機器㈱	〒611-0041　京都府宇治市槇島町十六19-1 TEL　0774-25-7700　FAX　0774-25-7713 http://www.kdn.co.jp products@kdn.co.jp	画像処理用LED照明、点灯電源（カスタマイズにも対応） ●高輝度高均一LEDライン照明・エリア照明、PWM・CC・ストロボ点灯電源 ●キセノン管ストロボ点灯光源、メタハラの置換えに最適な高輝度LED光源 ●UV-LED用高出力電源、蛍光灯用電源
㈱ケンコー・トキナー	〒164-8616　東京都中野区中野5-68-10 KT中野ビル TEL　03-6840-1779　FAX　03-6840-2926 http://www.tokina.co.jp/fa/ tokina.sanki.ml@tokina-ip.jp	FA画像処理用マクロレンズ、ハロゲン・キセノン・メタハラ・UV各種光源類及び専用ライトガイドからLED照明、LED光源、フィルターに至るまで豊富なラインナップとカスタム技術でお客様のご要望にお応えいたします。
興和光学㈱	〒103-0023　東京都中央区日本橋本町4-11-1 東興ビル４階 TEL　03-5651-7050　FAX　03-5651-7310 http://www.kowa-optical.co.jp/　opto@kowa.co.jp	●10メガピクセルカメラ対応レンズ　●オーバー8メガピクセルカメラ対応レンズ　●ラージフォーマット/ラインセンサカメラ対応レンズ　●メガピクセルカメラ対応バリフォーカルレンズなど、マシンビジョンに最適な映像を得るための様々なバリエーションを揃えております。また、お客様のニーズに合わせた多種多様な光学設計も承っております。
シーシーエス㈱	〒602-8011　京都府京都市上京区烏丸通下立売上ル 桜鶴円町374 TEL　075-415-8277　FAX　075-415-8278 http：//www.ccs-inc.co.jp　sales@ccs-inc.co.jp	照明・電源・レンズ・カメラ…無限の組み合わせで「見える!」を実現いたします。 ●約2,000機種の標準ラインアップと、１万件以上のカスタム実績 ●全国８ヵ所にテスティングルームを設置 ●１万８千台を超える無料貸出機もご用意
電通産業㈱	〒356-0056　埼玉県ふじみ野市うれし野1-7-12 TEL　049-264-1391(代)　FAX　049-264-8481 http://www.dentsu-sangyo.co.jp sales@dentsu-sangyo.co.jp	画像処理用蛍光灯照明装置・実体顕微鏡用リング蛍光灯照明装置 ●画像処理用リング・直管・U字管高周波点灯照明装置 ●ラインセンサー用超高輝度蛍光ランプ ●画像処理用フラットイルミネーター（面照明）
㈱東京パーツセンター	〒567-0032　大阪府茨木市西駅前町5-10 茨木大同生命ビル5階 TEL　072-646-8522(レンズ営業)　FAX　072-623-0890 http://www.tp-c.co.jp	TPCマシンビジョンレンズ ■テレセントリックレンズ　■メガピクセルテレセントリックレンズ ■マクロレンズ　■赤外対応レンズ ■NAVITAR社 低倍両側テレセントリックレンズ　■OEM、特注対応
日本ピー・アイ㈱	〒103-0004　東京都中央区東日本橋2-16-4　NSビル5F B TEL　03-5835-5803・03-5835-5805 FAX　03-5835-5806 http://www.npinet.co.jp　coldspot6323@npinet.co.jp	●画像処理用途ファイバ光源装置（100 W、150 Wハロゲン光源、80、250、375 Wメタルハライド光源）及び各対応ファイバ。 ●ラインセンサー用高輝度照明ユニット“リニアブライト（伝送ライト）”有効長2,600 mm迄。
富士フイルム㈱	〒331-9624　埼玉県さいたま市北区植竹町1-324 TEL　048-668-2152　FAX　048-651-8517 http://fujifilm.jp/business/material/cctv/index.html odbd-sales@fujifilm.co.jp	高画質が求められる画像処理・分析用などに最適な単焦点シリーズと、検査・計測・ライン監視などで用いられる3CCDカメラ向けに専用設計された高画質レンズを取り扱っております。FUJINONレンズは、フジノン70年の歴史で培われた技術力と蓄積された開発データをもとに、最新のデジタル設計へと磨き上げています。また、高い品質が求められる放送用レンズや小型化が求められる車載カメラ用レンズなどで培ってきた光学技術や精密加工・組み立て技術により、高画質デジタル時代に対応した産業用レンズ・監視用レンズを幅広く提供しております。
㈱ユーテクノロジー	〒175-0094　東京都板橋区成増2-10-3 三栄ドメール305 TEL　03-6904-3498　FAX　03-6904-3499 http://www.u-technology.jp/　info@u-technology.jp	●近赤外線用LED照明を豊富に取り揃えています。 ・850 nm～1650 nmの近赤外線LEDを豊富に取り揃えており、ワークの材質の透過特性にあった波長を選べます。 ・可視光では見えなかった物体内部の検査が可能です。 ●ハイパワーLED点光源装置 ・透明シートやガラスなどの検査に最適な点光源装置です。ミクロ欠陥を拡大投影して認識し易くします。
レボックス㈱	〒252-0243　神奈川県相模原市中央区上溝1880-2 SIC-3 TEL　042-786-0371　FAX　042-786-0372 http://www.revox.jp　info@revox.jp	ラインスキャンカメラ用LED光源、メタハラ250Wを超えるファイバー用LED光源を主軸製品として世界一の製品を日々開発しています。取扱い波長は240nm～1,650nmまでをカバーしています。お客様の欠陥サンプルをお預かりして光学系を追い込むテスティングラボもあり、光源メーカーならではの視点で見えないを見えるに変えます。

I　光源・レンズ

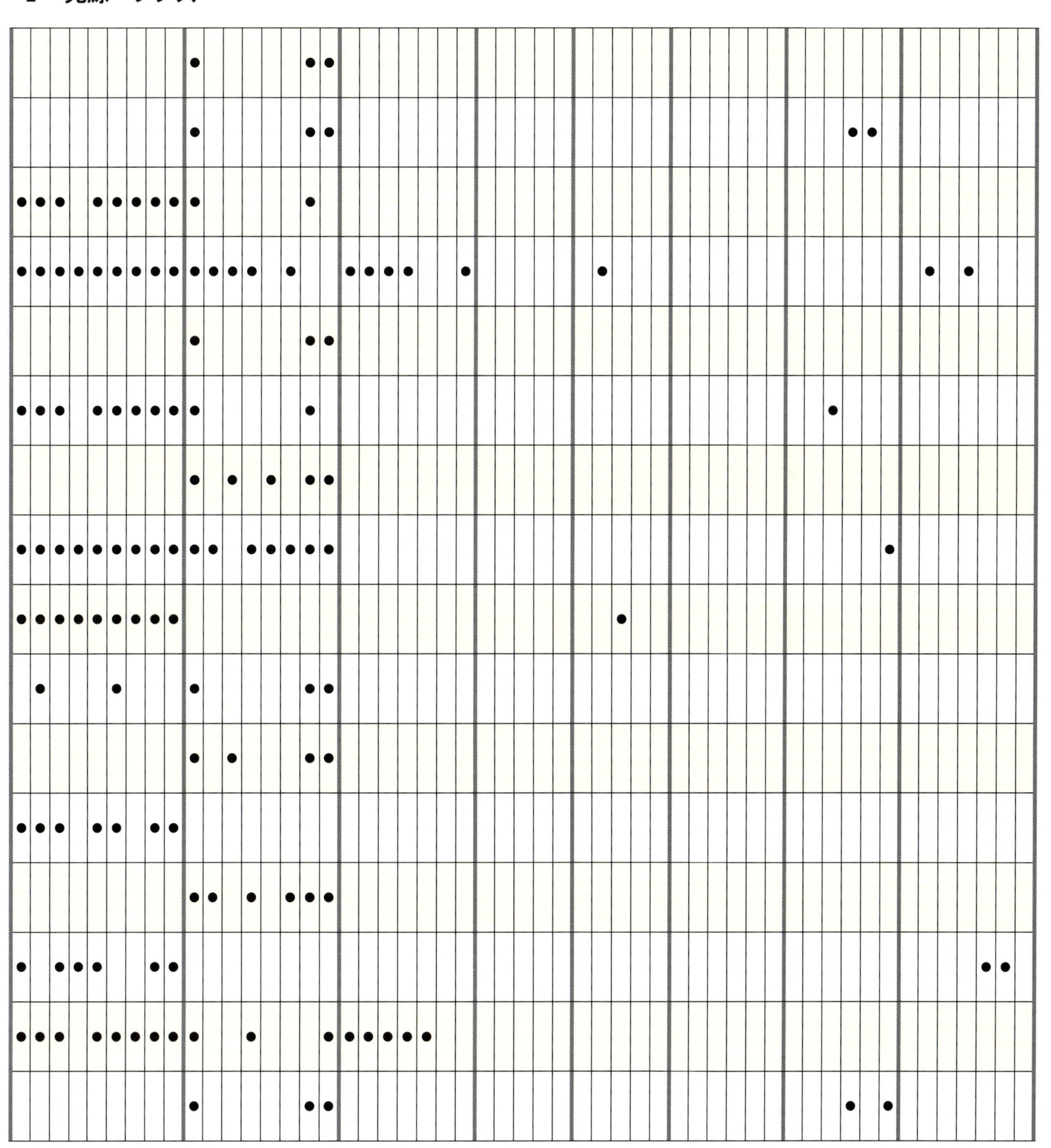

レンズ									光源・照明								エリアカメラ							ラインカメラ										画像入力ボード																		
CCTVレンズ	マクロレンズ	単焦点レンズ	バリフォーカルレンズ	ズームレンズ	テレセントリックレンズ	ラインセンサー用レンズ	赤外線レンズ	受託開発 その他	LED	ハロゲン	蛍光灯	メタルハライド	キセノン	その他	電源	照明コントローラ	CameraLink, PoCL, PoCL-lite	IEEE1394	GigE, GigE-Vision, PoE	USB	CoaXPress	Hs-Link	他	CameraLink, PoCL, PoCL-lite	GigE, GigE-Vision, PoE	CoaXPress	Hs-Link	他	高速度カメラ	赤外線カメラ	ハイビジョンカメラ	特殊カメラ その他	スマートカメラ	CameraLink, PoCL, PoCL-lite	IEEE1394	GigE, GigE-Vision, PoE	CoaXPress	Hs-Link	他	画像処理ボード	画像処理装置	画像処理ソフトウエア	画像検査装置	システムインテグレータ	計測・解析機器	記録装置	ケーブル・リピータ・コネクタ	画像伝送	その他 周辺機器	セキュリティ・個人認証	放送	産業用コンピュータ
									●						●	●																																				
									●						●	●																											●	●								
●	●	●		●	●	●	●	●	●						●																																					
●	●	●	●	●	●	●	●	●	●	●	●	●		●			●	●	●	●			●							●																	●		●			
									●						●	●																																				
●	●	●		●	●	●	●	●	●						●																											●										
									●		●		●		●	●																																				
●	●	●	●	●	●	●	●	●	●	●		●	●	●	●	●																													●							
●	●	●	●	●	●	●	●	●																							●																				
	●				●				●						●	●																																				
									●		●				●	●																																				
●	●	●		●	●		●	●																																												
									●	●		●		●	●	●																																				
●		●	●	●			●	●																																									●	●	
●	●	●		●	●	●	●	●	●			●				●	●	●	●	●	●																															
									●						●	●																											●		●							

資料請求No.　011

『ベンダーズリスト 画像関連製品製造販売会社一覧』掲載会社は、当社HPとのリンクサービスを行っております。各掲載会社様への詳細な情報、問い合わせの際は、是非ご活用ください。

日本工業出版ホームページ http://www.nikko-pb.co.jp

II 入力装置

社　名	連絡先	製品概要
㈱アートレイ	〒166-0002 東京都杉並区高円寺北1-17-5 上野ビル4F TEL 03-3389-5488 FAX 03-3389-5486 http://www.artray.co.jp artray@artray.co.jp	●USB2 CMOS/CCDカメラ ●SATA CMOS/CCDカメラ ●USB2ボードカメラ ●アナログ→USB2、SATA変換コンバーター ●特注デジタルカメラ ●遠赤外サーモカメラ・近赤外カメラ ●HDMI CCD/CMOSモニタ出力カメラ ●HDMIハイレゾリューション監視カメラ ●HDDレコーダー
㈱アド・サイエンス	〒274-0005 千葉県船橋市本町2-2-7 船橋本町プラザビル TEL 047-434-2090 FAX 047-434-2097 http://www.ads-img.co.jp/	●エリアカメラ【GigE/USB2.0/USB3.0/IEEE1394/CameraLink/CoaXPress】●ラインカメラ【GigE/USB2.0/USB3.0/CameraLink/CoaXPress】●スマートカメラ ●ハイスピードカメラ ●レコーディングカメラ ●近赤外線カメラ ●画像入力ボード【CameraLink/CoaXPress】●LEDストロボコントローラー ●メカニカルシャッター ●レコーディングソフトウエア
㈱アプロリンク	〒273-0025 千葉県船橋市印内町568-1-2 TEL 047-495-0206 FAX 047-495-0270 http://www.aprolink.jp sales@aprolink.jp	小型コンパクト高性能カメラ、ボードカメラ、高速カメラ、高解像度カメラ、ハイパースペクトルカメラ、スマートカメラ 世界中から最先端の仕様から廉価高性能まで幅広く扱います。またAIによる画像解析ソフトは、これまでのライブラリとは異なった画像処理を可能にします。 弊社は、レーザー切断による3Dカメラとシステムインテグレーション、Customのコンサルタントの対応も可能です。
アライドビジョンテクノロジーズ	〒130-0013 東京都墨田区錦糸1-7-15 T'zビル3F TEL 03-6240-4529 FAX 03-6240-4539 http://www.alliedvision.com	Camera Link/GigE/IEEE1394/USB3.0カメラのリーディングカンパニーで、それぞれのインターフェースに対応した豊富なラインナップを提供している。世界でデジタルカメラのトップシェアを誇り、品質・供給安定性共に優れたカメラを提供し続けている。外観検査など産業用途、医学・科学用途の画像処理、交通監視ほか、様々なアプリケーションにおけるソリューションを提供している。
㈱エクセル	〒532-0011 大阪府大阪市淀川区西中島3-19-13 3F TEL 06-6308-3701(代) FAX 06-6308-6401 http://www.excel-teceye.co.jp sales@excel-teceye.co.jp	●ラインセンサーカメラ ●３ラインカラー・ラインセンサーカメラ ●ミラースキャン・ラインセンサーカメラ ●CPU内蔵リモートアイリス ●リモートアイリス付ミラースキャンカメラ ●カメラI／Fボード
㈱エデックリンセイシステム	〒441-8113 愛知県豊橋市西幸町字浜池331-9 TEL 0532-29-4133 FAX 0532-29-4130（本社） TEL 03-5461-1943 FAX 03-5461-1950（東京営業所） http://www.edeclinsey.jp E-mail：sales@edeclinsey.jp	画像処理の総合メーカーとして、2500万画素高解像度カメラ、フレームグラバボード（カスタマイズ可能）、オリジナル位置決めソフトウェアを自社開発しており、お客様の要望に合わせた御提案を致します。 □CoaXPress I/F：●2500万画素/72fpsカメラ（VI-SAI）「VIS-1003-XM」●フレームグラバボード「EDCap-CX」 □CameraLink I/F：●2500万画素/32fpsカメラ（VI-SAI）「VIS-1001-CM」●フレームグラバボード「EDCap-CLeH」 □位置決め画像処理ソフトウェア：●WinMusic4
㈱NET Japan	〒222-0033 横浜市港北区新横浜2-14-2 KDX新横浜214ビル2F TEL 045-478-1020 FAX 045-476-2423 http://www.net-japan.com/ info@net-japan.com	アプリケーションに柔軟に対応できるよう、産業用・医療用に幅広い製品を取り揃えております。USB2.0カメラ、USB3.0カメラ、ボードカメラ、GigEカメラ、FPGA搭載GigEカメラ、一体型小型カメラモジュール、分離型小型カメラヘッド＋カメラコントローラユニット、FPGA搭載用IP-core
㈱シーアイエス	〒192-0082 東京都八王子市東町9-8 八王子センタービル6F TEL 042-664-5568 FAX 042-645-0441 http://www.ciscorp.co.jp/	CMOS/CCDカメラでFAではVGA～3億2400万画素、放送分野Full HD・4K、監視カメラなどラインナップ。高画素・高速・小型・ボードタイプまで各種用意。インタフェースはCoaXPress・Optical・CameraLink・USB3.0・GigE。OEM・開発・設計・製造まで一貫生産。
ソニーイメージングプロダクツ＆ソリューションズ㈱	〒108-0075 東京都港区港南1-7-1 https://www.sony.co.jp/ISPJ/	●FA向けCMOS/CCDデジタルビデオカメラ、アナログビデオカメラ Camera Link / GigE Vision / USB / Non-TV / TVスタンダード ●セキュリティ向けカラーカメラブロック 4K / HD
立野電脳㈱	〒198-0063 東京都青梅市梅郷5-955 TEL 0428-77-7000 http://www.dsp-tdi.com/ E-mail：sales@dsp-tdi.com	高機能カメラシミュレータ。CameraLink版およびCoaXPress版がある。高価な高速度、高解像度、特殊カメラや、ラインスキャン装置などの開発時または入手までの代替えとして様々なカメラリンク出力やCoaXPress出力が得られる。同じデータを再現することで画像入力装置や処理装置の調整,検査,デモにも重宝する。HW部は汎用PCIe FPGAボードなので画像処理やフレームグラバへの拡張も可能。CCや外部トリガ入力も備える。製品名： ProcCamSim,Chameleon
テレダイン・ダルサ㈱	〒171-0013 東京都豊島区東池袋 3-4-3 池袋イースト13F TEL 03-5960-6353 FAX 03-5960-6354 https://www.teledynedalsa.com sales.asia@teledynedalsa.com	産業用など様々なアプリケーションに対応するカメラ、ディテクターを取り扱っています。 ●CMOS TDIラインスキャンカメラ「Piranha XL」（モノクロ／カラー）●CMOSエリアスキャンカメラ「Genie Nano」（モノクロ／カラー）●遠赤外線カメラ「Calibir」●X線ディテクター「Shad-o-Box HS」
東芝テリー㈱	〒191-0065 東京都日野市旭が丘4-7-1 TEL 042-589-8772・078-793-8681(関西支店) FAX 042-589-8775・078-795-5853(関西支店) http://www.toshiba-teli.co.jp	●IEEE1394出力デジタルカメラ ●カメラリンク出力カメラ ●ギガビート・イーサネット出力カメラ ●一体型／分離型アナログ出力カメラ ●USB3.0カメラ ●LCDモニタ ●スマートフォトセンサ
㈱ナックイメージテクノロジー	〒107-0061 東京都港区北青山2-11-3 A-PLACE青山2F TEL 03-3796-7900 FAX 03-3796-7905 https://www.nacinc.jp/ keisoku@camnac.co.jp	あらゆる画像計測に対応するハイスピードカメラ“MEMRECAMシリーズ”“ULTRANACシリーズ”、視線計測装置“アイマークレコーダ”、各種画像解析ソフトを取り扱っています。また、映画・放送業界へデジタルシネマカメラ、照明、レンズなどの販売・レンタルも行っています。
日本エレクトロセンサリデバイス㈱	〒550-0012 大阪府大阪市西区立売堀2-5-12 TEL 06-6534-5300 FAX 06-6534-6080 http://www.ned-sensor.co.jp/ sales@ned-sensor.com	カラー·モノクロ、アナログ・デジタルのラインセンサーカメラを40機種ラインナップ：高速移動体の形状・パターン・濃淡・色の画像取込ができます。パターン検査・異物混入検査等の外観検査システム用としてご使用できます。
日本ビューワークス㈱	〒135-8073 東京都江東区青海2-7-4 the SOHO 6F TEL 03-5579-6516 FAX 03-5579-6517 http://www.vieworks.co.jp/ hyasui@vieworks.co.jp	日本ビューワークスでは液晶、有機EL等の欠陥及びムラ検査や、電子基板、はんだ検査などに最適な、産業計測用デジタルCCD／C-MOSカメラを取り扱っています。29メガの高解像度をもつVAシリーズや、ペルチェ冷却機能を搭載したVPシリーズ、そして最高２億6,000万画素の超高解像度をもつピクセルシフトタイプのVNシリーズに加え、航空撮影専用のVXシリーズ等があります。
㈱日本ファステックイメージング	〒125-0063 東京都葛飾区白鳥 3-27-15 TEL 03-5650-5320 FAX 03-5650-5326 http://www.fastecimaging.co.jp/ sales@fastecimaging.co.jp	●高速度撮影と長時間録画機能を持つ、ハイブリッド高速度カメラTS4 ●低価格ハンディ高速度カメラ HHCシリーズ ●小型・軽量な高速度カメラ HiSpecシリーズ ●様々な目的に使用できるトリガー発生システム等の周辺機器

Ⅱ　入力装置

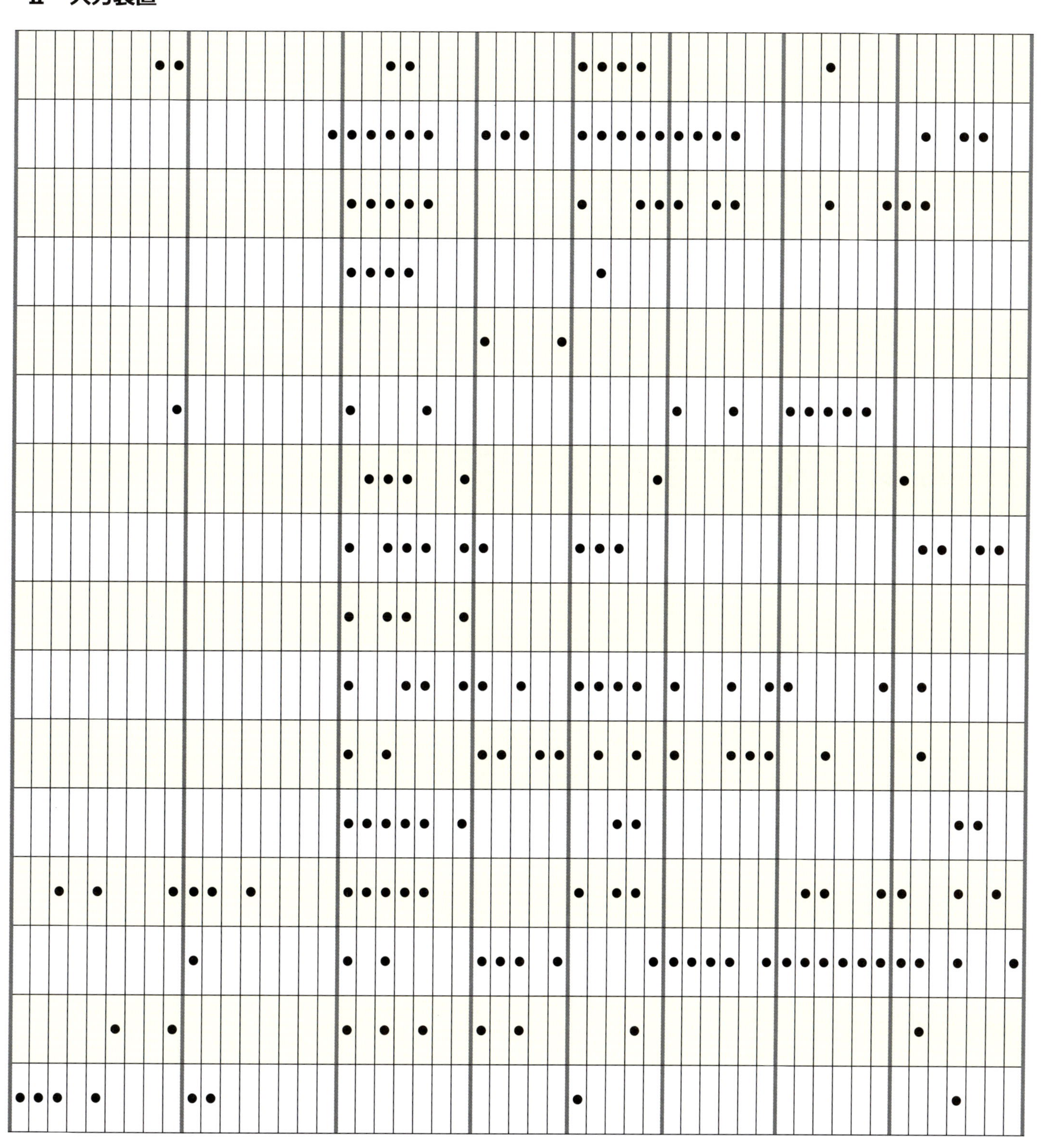

レンズ									光源・照明								エリアカメラ							ラインカメラ					高速度カメラ	赤外線カメラ	ハイビジョンカメラ	特殊カメラ その他	スマートカメラ	画像入力ボード						画像処理ボード	画像処理装置	画像処理ソフトウエア	画像検査装置	システムインテグレータ	計測・解析機器	記録装置	ケーブル・リピータ・コネクタ	画像伝送	その他 周辺機器	セキュリティ・個人認証	放送	産業用コンピュータ
CCTVレンズ	マクロレンズ	単焦点レンズ	バリフォーカルレンズ	ズームレンズ	テレセントリックレンズ	ラインセンサー用レンズ	赤外線レンズ	受託開発 その他	LED	ハロゲン	蛍光灯	メタルハライド	キセノン	その他	電源	照明コントローラ	CameraLink, PoCL, PoCL-lite	IEEE1394	GigE, GigE-Vision, PoE	USB	CoaXPress	Hs-Link	他	CameraLink, PoCL, PoCL-lite	GigE, GigE-Vision, PoE	CoaXPress	Hs-Link	他						CameraLink, PoCL, PoCL-lite	IEEE1394	GigE, GigE-Vision, PoE	CoaXPress	Hs-Link	他													
							●	●											●	●									●	●	●	●										●										
																●	●	●	●	●	●			●	●	●			●	●	●	●	●	●	●	●	●										●		●	●		
																	●	●	●	●	●								●			●	●	●		●	●					●			●	●	●					
																	●	●	●	●										●																						
																								●				●																								
								●									●				●													●			●			●	●	●	●	●								
																		●	●	●			●										●													●						
																	●		●	●	●		●	●					●	●	●																●	●		●	●	
																	●		●	●			●																													
																	●			●	●		●	●		●			●	●	●	●		●			●		●	●					●		●					
																	●		●					●	●		●	●		●		●		●			●	●	●			●					●					
																	●	●	●	●	●		●								●	●																	●	●		
		●		●				●	●	●		●					●	●	●	●	●								●		●	●									●	●			●	●			●		●	
									●								●		●					●	●	●		●					●	●	●	●	●		●	●	●	●	●	●	●	●	●		●			●
					●			●									●		●		●			●		●						●															●					
●	●	●		●					●	●																			●																				●			

Ⅱ 入力装置

社　名	連絡先	製品概要
Basler Japan	〒105-0011 東京都港区芝公園3-4-30 32芝公園ビル404 TEL 03-6402-4350 FAX 03-6402-4351 http://www.baslerweb.com/jp/camera sales.japan@baslerweb.com	ファクトリー･オートメーション、交通システム、医療およびライフサイエンス等で幅広く使用されている産業用カメラ、ネットワークカメラ、レンズとアクセサリーを提供しています。 ■USB3.0、GigE、Camera Linkエリア・ラインスキャンカメラ ■5MP、解像度2.2m [230lp/mm] Basler Lensesシリーズ ■最高品質の画像と卓越したコストパフォーマンス ■高信頼度pylon Camera Software Suite無償版入手可能
㈱フォトロン	〒101-0051 東京都千代田区神田神保町1-105 神保町三井ビルディング21F TEL 03-3518-6271 FAX 03-3518-6279 TEL 06-7711-9066 FAX 06-7711-0266(大阪営業所) http://www.photron.co.jp image@photron.co.jp	●ハイスピードカメラ「FASTCAM」 ●長時間録画ポータブルハイスピードカメラ「PhotoCam Speeder」 ●DMA型ハイスピードカメラ「IDP-Express」 ●動画像運動解析ソフト「TEMA」
㈱ブルービジョン	〒222-0033 神奈川県横浜市港北区新横浜1-13-12 TEL 045-471-4595 FAX 045-471-4598 TEL／FAX 099-401-4228（九州事務所） http://www.bluevision.jp sales@bluevision.jp	■プリズム光学系を採用したラインスキャンカメラ用レンズ及びSWIR対応のレンズ ■P波S波分離ラインスキャンカメラ、２焦点ラインスキャンカメラ ■SWIRラインスキャンカメラ、SWIR VGA/QVGA カメラ、広帯域ラインスキャンカメラ ■HDTVカラーカメラ、Full HD オートフォーカスカメラ、超高感度CMOSカラーカメラ ■1,250 nmから2,600 nmまでの波長を選択できる波長可変型光源
㈱プロリンクス	〒101-0035 東京都千代田区神田紺屋町17 SIA神田スクエア3F TEL 03-5256-2053 FAX 03-5256-2272 http://www.prolinx.co.jp ids@prolinx.co.jp	独IDS社製産業用小型カメラ ●USB3、USB2、GigEカメラ、CMOS/CCDセンサ ●ボードタイプ、IP65/67対応REシリーズ等豊富な製品ラインアップ ●最新近赤外対応CMOSカメラ ●充実のソフトウェアパッケージ：ドライバ、デモツール、SDK全て無償

Ⅲ 画像処理装置

社　名	連絡先	製品概要
㈱アイキューブテクノロジ	〒460-0011 愛知県名古屋市中区大須4-10-32 上前津KDビル5F TEL 052-251-9080 FAX 052-251-9081 http://www.i-cube-tech.co.jp/ info@i-cube-tech.co.jp	■カスタマイズできるスマートカメラ SC+A ■ロボットビジョン・システム マシンビジョン・システム 自動化システム構築可能 ■設定メニューソフト：検査・計測・サーチに最適 ■ピックアンドプレイス、アライメントなど技術保有 ■システムインテグレータとして、アルゴリズム開発や自動化システムの受託開発致します
㈱アバールデータ	〒194-0023 東京都町田市旭町1-25-10 TEL 042-732-1030 FAX 042-732-1032 http://www.avaldata.co.jp sales@avaldata.co.jp	●画像入力処理ボード（カメラリンク、CXP、GigE、USB、他） ●スマートカメラ ●画像処理ライブラリ（欠陥検知、他） ●小型画像処理プラットフォーム（ASI-1300）
㈱エーディーエステック	〒273-0025 千葉県船橋市印内町568-1-1 TEL 047-495-9070 FAX 047-495-8809 http://www.ads-tec.co.jp sales@ads-tec.co.jp	画像処理に関する多種多様なニーズに合った製品の提供からシステム提案まで幅広く対応。取扱製品：画像入力ボード、画像処理ボード、高解像度エリアカメラ、高速ラインカメラ、工業用アナログカメラなど。取扱メーカー：CORECO、DALSA、ソニー、Integral、Io industries、PHLOX、他
キヤノンIT ソリューションズ㈱	〒140-8526 東京都品川区東品川2-4-11 野村不動産天王洲ビル TEL 03-6701-3450 FAX 03-6701-3390 http://im.canon-its.jp/ image-info@canon-its.co.jp	●Matrox社製…………多機能・高性能画像処理ボード／画像入力ボード 汎用画像処理ソフト＆検証ソフト 画像処理プラットフォーム スマートカメラ ●キヤノンITS製………フロー式画像処理システム「BREVINAGE」
㈱キーエンス	〒135-0093 東京都港区台場2-3-1 TEL 03-3570-0511 FAX 03-3570-0510 http://www.keyence.co.jp/gazo visia-info@keyence.co.jp	画像処理No.1メーカーとして、汎用的な画像センサーからカスタマイズ仕様の画像処理システムまで幅広くラインナップ。2,100万画素カメラや３次元カメラも接続可能。最新アルゴリズム多数搭載。
コグネックス㈱	〒113-6591 東京都文京区本駒込2-28-8 文京グリーンコート23F TEL 0120-005409 FAX 03-5977-5401 http://www.cognex.co.jp infojapan@cognex.com	高速マシンビジョン・システム、FA向けマシンビジョン・システム、画像処理センサー、特定用途向けマシンビジョン・システム（2Dコード読取り、OCR/OCV、BGA検査、LCD/FPD検査、ソルダーペースト検査など）、マシンビジョン専用カメラ
㈱シーマイクロ	〒101-0021 東京都千代田区外神田3-16-13 日進ビル５階 TEL 03-3526-8405 FAX 03-3526-0022 http://www.cmicro.co.jp support@cmicro.co.jp	画像処理に関し、開発から製造に至る一貫体制と受託開発型のパイオニア。カラー／モノクロラインスキャンカメラ、3Dカメラ、エリアカメラ、など汎用製品からボード・システムの開発、製造、販売。 ◆FCシリーズ／モノクロ4K～16Kラインスキャンカメラ ◆TFBシリーズ／三版式2Kカラーラインスキャンカメラ ◆RLBシリーズ／Trilinear4Kカラーラインスキャンカメラ ◆KFBシリーズ／高速プロファイル3Dカメラ 他多数
ジック㈱	〒164-0012 東京都中野区本町1-32-2 ハーモニータワー13F TEL 03-5309-2115 FAX 03-5309-2113 http://www.sick.jp/ support@sick.jp	ジックは3Dマシンビジョンのパイオニアです。他社を圧倒する実績とパフォーマンスで最適な3Dソリューションをご提供いたします。 ●RGB画像も同時に取得できる世界最速3Dカメラ「ColorRangerE」 ●世界最初の3Dスマートカメラ「IVC-3D」 ●高精度ロボットバラ積みピッキングができる3Dビジョンシステム「PLB」
立野電脳㈱	〒198-0063 東京都青梅市梅郷5-955 TEL 0428-77-7000 http://www.dsp-tdi.com/ E-mail：sales@dsp-tdi.com	●HawkEye（GiDEL）Arria10搭載ロープロPCIeで最高性能のCL,Fiber用カード ●Predator（Kaya）CXP-6 2ch,PCIe Gen2x4で10万円を切るCXP入力FG。4ch版あり。 ●Komodo-CXP（Kaya）CXP-6 4ch,PCIe Gen3x8で20万円以下。8ch版も標準在庫 ●Komodo-光（Kaya）CL-HS,10Gige,40Gに対応したPCIe Gen3x8 Fiber I/Fボード
㈱ディテクト	〒150-0036 東京都渋谷区南平台町1-8 TEL 03-5457-1212 FAX 03-5457-1213 http://www.ditect.co.jp	USB3.0対応の高速度カメラ、モーションキャプチャー、視線追尾システム、運動解析ソフト（２次元・３次元）、流体解析ソフト、画像同期アナログ入力ソフト。動画関連の特注システム開発も行います。
㈱デクシス	〒273-0005 千葉県船橋市本町2-1-34 船橋スカイビル8F TEL 047-420-0811 FAX 047-420-0813 http://www.decsys.co.jp/ sales@decsys.co.jp	装置組込み用画像処理機の提案から自動外観検査システムまで、幅広く提案が可能。自社独自開発によるカメラ（マルチプルイメージャー）により、従来は欠陥種類（異物、キズ、汚れ等）ごとに必要だった検査ステージを一つに集約可能。スペースおよびコストに貢献。

レンズ									光源・照明								エリアカメラ							ラインカメラ										画像入力ボード																		
CCTVレンズ	マクロレンズ	単焦点レンズ	バリフォーカルレンズ	ズームレンズ	テレセントリックレンズ	ラインセンサー用レンズ	赤外線レンズ	受託開発 その他	LED	ハロゲン	蛍光灯	メタルハライド	キセノン	その他	電源	照明コントローラ	CameraLink, PoCL, PoCL-lite	IEEE 1394	GigE, GigE-Vision, PoE	USB	CoaXPress	Hs-Link	他	CameraLink, PoCL, PoCL-lite	GigE, GigE-Vision, PoE	CoaXPress	Hs-Link	他	高速度カメラ	赤外線カメラ	ハイビジョンカメラ	特殊カメラ その他	スマートカメラ	CameraLink, PoCL, PoCL-lite	IEEE 1394	GigE, GigE-Vision, PoE	CoaXPress	Hs-Link	他	画像処理ボード	画像処理装置	画像処理ソフトウエア	画像検査装置	システムインテグレータ	計測・解析機器	記録装置	ケーブル・リピータ・コネクタ	画像伝送	その他 周辺機器	セキュリティ・個人認証	放送	産業用コンピュータ

Ⅱ　入力装置

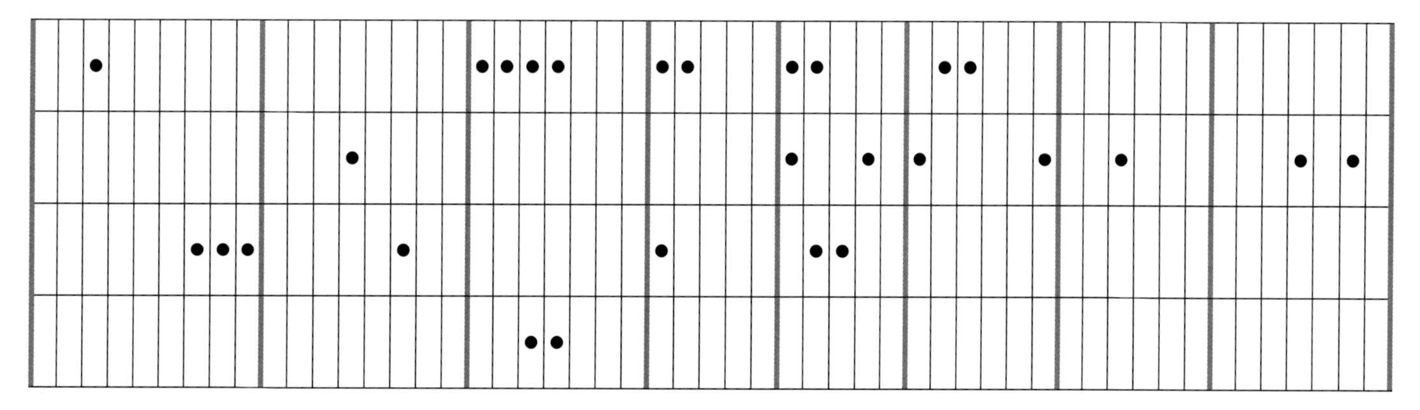

		●															●	●	●	●				●	●				●	●					●	●																
												●																	●			●		●					●			●							●		●	
						●	●	●						●										●						●	●																					
																		●	●																															

Ⅲ　画像処理装置

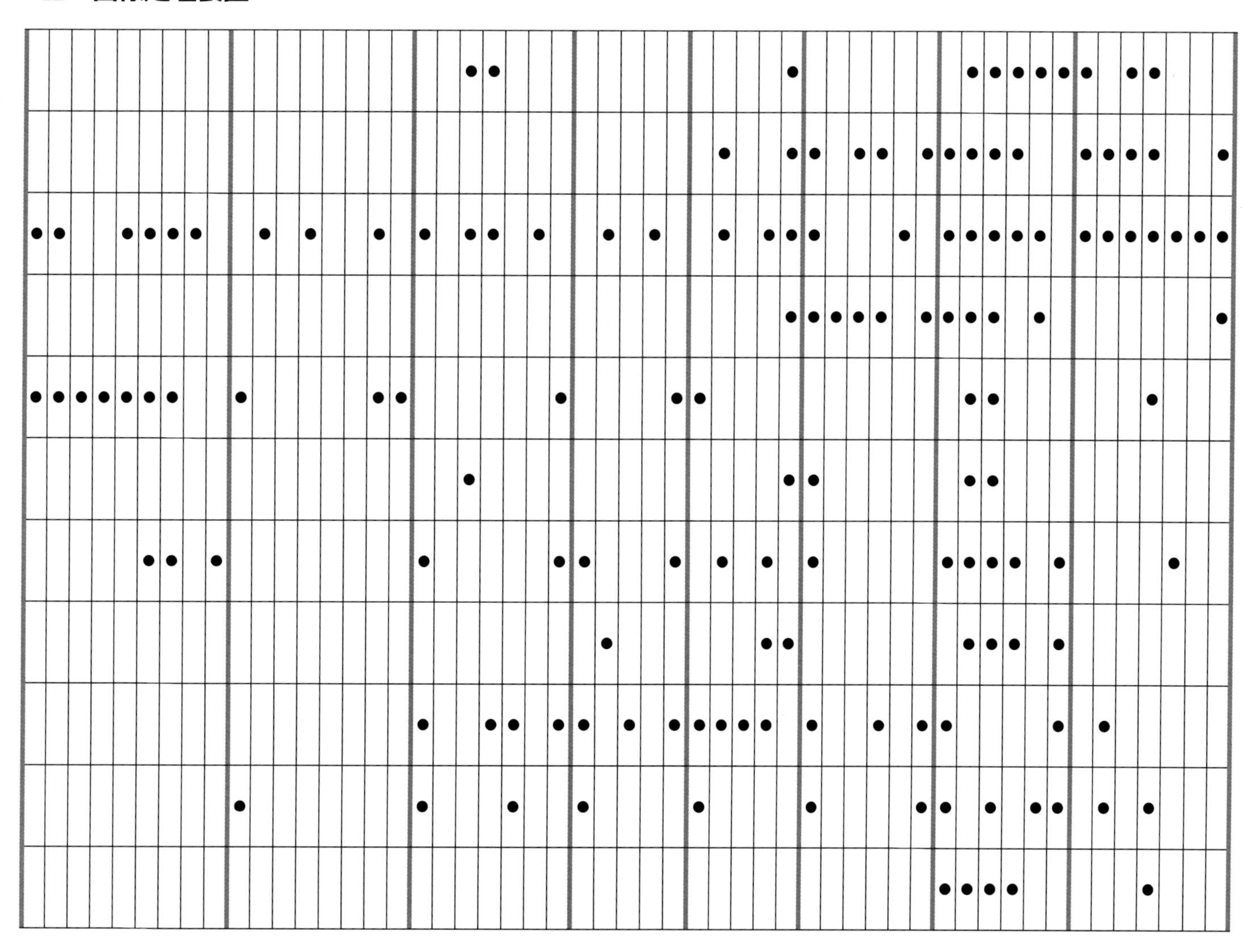

																			●	●													●								●	●	●	●	●	●		●	●			
																													●			●	●		●	●		●	●	●	●	●			●	●	●	●			●
●	●			●	●	●	●			●		●			●		●		●	●		●			●		●			●		●	●	●				●		●	●	●	●	●		●	●	●	●	●	●	●
																																●	●	●	●	●		●	●	●	●		●								●
●	●	●	●	●	●	●			●						●	●							●					●	●											●	●							●			
																		●														●	●							●	●										
					●	●		●									●						●	●				●		●		●		●						●	●	●	●		●					●		
																								●							●	●								●	●	●		●							
																	●			●	●		●	●		●		●	●	●	●	●		●			●		●	●						●		●					
									●								●				●			●					●					●					●	●		●		●	●		●		●			
																																							●	●	●	●						●			

資料請求No.　015

画像ラボ Image Laboratory

画像関連製品 製造販売会社一覧 VENDORS LIST

『ベンダーズリスト 画像関連製品製造販売会社一覧』掲載会社は、当社HPとのリンクサービスを行っております。各掲載会社様への詳細な情報、問い合わせの際は、是非ご活用ください。

日本工業出版ホームページ http://www.nikko-pb.co.jp

Ⅲ 画像処理装置

G(7)

社　名	連絡先	製品概要
㈱テクノスコープ	〒330-0064 埼玉県さいたま市浦和区岸町7-6-13 TEL 048-822-5281 FAX 048-822-5285 http://www.technoscope.co.jp/ sales@technoscope.co.jp	●USB3.0対応産業用画像入力ボード ●USB3.0対応産業用ハブ ●USB3.0&GigE対応画像記録装置 ●USB3.0&GigEカメラ対応SDK ●GigE対応画像入力ボード
㈱ファースト	〒242-0001 神奈川県大和市下鶴間2791-5 TEL 046-272-8680(本社代表) FAX 046-272-8692 TEL 046-272-8682(製品問合せ) http://www.fast-corp.co.jp sales@fast-corp.co.jp	汎用～応用まで幅広いマシンビジョン・システムをご提供します。 ●汎用画像処理装置 ●アライメント装置 ●FPD検査装置 ●画像入力ボード ●画像処理ソフトウエアライブラリ ●非破壊検査装置 ●各種画像処理システム

Ⅳ ソフトウエア

社　名	連絡先	製品概要
㈱スカイロジック	〒433-8104 静岡県浜松市北区東三方町23-5 アートテクノ会館3F TEL 053-414-6209 FAX 053-414-7629 http://www.skylogiq.co.jp info@skylogiq.co.jp	『EasyInspector』は、低価格のUSBカメラが使用可能な汎用画像検査ソフトです。このソフト1つで、マッチング検査、寸法角度検査、傷ブツ検査、OCR、バーコード読み取りなど様々な検査が簡単操作で行えます（EI710）。プログラムの知識がなくても検査システムを構築することが可能です。メールや電話でのサポート体制を完備。日・英・中の三ヶ国語に対応。
㈱ライブラリー	〒151-0051 東京都渋谷区千駄ヶ谷4-10-5 シラトリビル3F TEL 03-6438-9616 FAX 03-6438-9617 http://www.library-inc.co.jp library@library-inc.co.jp	●ひまわりシリーズ「多機能動画像カメラシステム」 ●コスモスシリーズ「画像解析パッケージソフトウエア」 ●なのはなシリーズ「動画像計測システム」 ●小型半導体レーザーシート照射装置 ●近赤外線LEDリング照明装置
㈱リンクス	〒225-0014 神奈川県横浜市青葉区荏田西1-13-11 TEL 045-979-0731 FAX 045-979-0732 http://www.linx.jp/ info@linx.jp	●画像処理ライブラリHALCON ●CameraLink / CoaXPress対応画像入力ボード 銀河シリーズ ●BASLER社製GigE / USB3 / CameraLinkエリアカメラ aceシリーズ ●BASLER社製GigE / CameraLinkラインカメラracerシリーズ ●光干渉三次元計測デバイス heliotis

Ⅴ システムインテグレータ

社　名	連絡先	製品概要
エーアイシー㈱	〒222-0033 神奈川県横浜市港北区新横浜2-17-19 HF新横浜ビルディング4F TEL 045-548-8567 FAX 045-548-8568 https://aicvision.jp contacts@aicvision.jp	エーアイシー（AIC, Inc.）は、先進的なマシンビジョン業界向けのコンポーネンツ、産業用カメラ、画像処理ボード、ソフトウエア、そしてライティングでお客様の装置づくりに貢献してまいります。エーアイシー（AIC）に相談すれば、いいものが見つかる。いいアイデアが見つかる。いいことが生まれる。と、お客様に思っていただける会社であり続けよう、をモットーに、マシンビジョンシステムをご提案します。
オリエントブレイン㈱	〒564-0063 大阪府吹田市江坂町1-23-43 TEL 06-6385-5021 FAX 06-6386-8249 http://www.orientbrains.com/ skyblue@orientbrains.com	当社は監視カメラのシステムインテグレータであり、防爆カメラでは国内トップシェアを持つメーカでもあります。アナログ、IP、赤外線、炉内など多彩なラインナップを揃えておりますので、防爆に関することならばぜひご相談下さい。また、スマートカメラ「NEXT-EYE」では、これまでにないソリューションを提供いたします。
CIC㈱	〒222-0033 神奈川県横浜市港北区新横浜3-18-16 新横浜交通ビル6F TEL 045-476-2260 FAX 045-476-2210 http://www.cic-co.com/ sales@cic-co.com	●ソニー㈱ISP製品（産業用カメラ）特約店です。 ●当社はソニー製カメラを中心に、レンズ、照明装置、画像入力ボード、ソフトウェア等を取扱しており、お客様のご要望に合わせたご提案が出来る、システムインテグレータです。 ●その他取扱製品として、日本信号製 3D距離画像センサ、SEEK製赤外線カメラ等ありますので、お気軽にお問合せください。
㈱トラスト・テクノロジー	〒186-0004 東京都国立市中1-9-8 第7叶ビル9F TEL 042-843-0316 FAX 042-843-0317 http://www.trust-technology.co.jp/ sales@trust-technology.co.jp	当社は実績、経験豊富なシステムインテグレータです。お客様の課題を解決する画像処理システムをオーダーメイドで開発します。WindowsからLinuxまでプラットフォームは自由に選定可能。ライブラリは、HALCON, VisionPro, OpenCV, TrustSense等、幅広く対応。 導入段階のコンサルティングからシステム設計、ハードウェア選定、デバイスドライバ開発からアプリケーション開発まで一貫してサポートいたします。
㈱丸由製作所	〒467-0853 愛知県名古屋市瑞穂区内浜町19-17 TEL 052-821-7777 FAX 052-821-7779 http://www.e-maruyoshi.co.jp	●『マシンビジョン・検査装置.com』を主催。画像処理のソフトから、装置・ロボット・アプリケーション・システムのハードまで一貫して提供できる装置メーカー。 ●位置決め、外観検査、寸法検査から、3D（キャリブレーション、ピッキング、計測）への適用まで各種お手伝いします。

Ⅵ 計測・解析機器

社　名	連絡先	製品概要
立野電脳㈱	〒198-0063 東京都青梅市梅郷5-955 TEL 0428-77-7000 http://www.dsp-tdi.com/Totalphase/ E-mail：sales@dsp-tdi.com	●USB3 Vision対応ケーブルテスタ Advanced Cable Tester。USB3.1/3.0/2.0 Type-C,Std-A,Micro-Bケーブルに対応。アイパターンでGen2（10G）までの伝送特性、結線状態、直流抵抗、Type-CのE-marker情報など、見えないケーブル品質を可視化。 ●USB3.0プロトコルアナライザ BEAGLE USB 5000 v2 Ultimate。動作中のトラブル解析に、ライブで情報を抜えて大量（最大20GB以上）キャプチャ可能な能力で10年間ベストセラー。
㈱ビュープラス	〒102-0083 東京都千代田区麹町1-8-1 半蔵門MKビル4F TEL 03-3514-2772 FAX 03-3514-2773 http://www.viewplus.co.jp vpcontact@viewplus.co.jp	●18bitリニア階調カメラXviiiとその応用システム ●超高速3Dレーザースキャナシステム RobotEyeとそのスキャン機構の応用システム・計測システム ●魚眼レンズ応用システム ●USB3.0用リピータケーブル ●同期撮影システムと周辺機器 ●近赤外・遠赤外応用システム
ブレインビジョン㈱	〒101-0052 東京都千代田区神田小川町2-2 UIビル7F TEL 03-5280-7108 FAX 03-5280-7109 http://www.brainvision.co.jp info@brainvision.co.jp	多点同時に光計測する装置の開発と販売。CMOSイメージセンサーから自社設計。低倍率専用蛍光顕微鏡は広視野、高開口数、長作動で、多波長同時計測にも対応。LED光源は高出力で高安定。生体膜電位光計測では実績多数。

レンズ									光源・照明								エリアカメラ							ラインカメラ										画像入力ボード																			
CCTVレンズ	マクロレンズ	単焦点レンズ	バリフォーカルレンズ	ズームレンズ	テレセントリックレンズ	ラインセンサー用レンズ	赤外線レンズ	受託開発 その他	LED	ハロゲン	蛍光灯	メタルハライド	キセノン	その他	電源	照明コントローラ	CameraLink, PoCL, PoCL-lite	IEEE 1394	GigE, GigE-Vision, PoE	USB	CoaXPress	Hs-Link	他	CameraLink, PoCL, PoCL-lite	GigE, GigE-Vision, PoE	CoaXPress	Hs-Link	他	高速度カメラ	赤外線カメラ	ハイビジョンカメラ	特殊カメラ その他	スマートカメラ	CameraLink, PoCL, PoCL-lite	IEEE 1394	GigE, GigE-Vision, PoE	CoaXPress	Hs-Link	他	画像処理ボード	画像処理装置	画像処理ソフトウエア	画像検査装置	システムインテグレータ	計測・解析機器	記録装置	ケーブル・リピータ・コネクタ	画像伝送	その他 周辺機器	セキュリティ・個人認証	放送	産業用コンピュータ

Ⅲ 画像処理装置

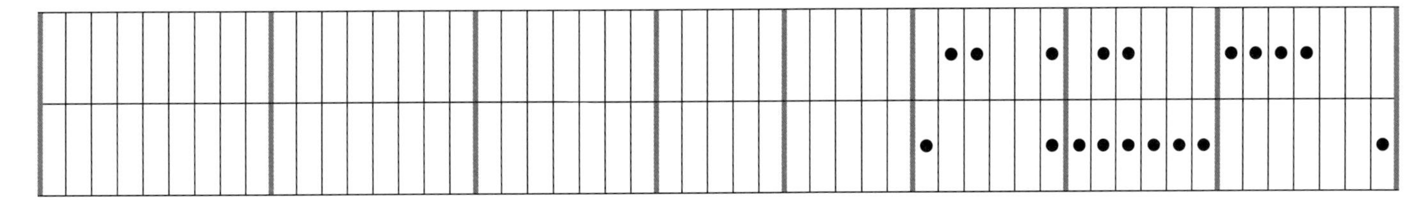

CCTVレンズ	マクロレンズ	単焦点レンズ	バリフォーカルレンズ	ズームレンズ	テレセントリックレンズ	ラインセンサー用レンズ	赤外線レンズ	受託開発 その他	LED	ハロゲン	蛍光灯	メタルハライド	キセノン	その他	電源	照明コントローラ	エリア CameraLink, PoCL, PoCL-lite	エリア IEEE 1394	エリア GigE, GigE-Vision, PoE	エリア USB	エリア CoaXPress	エリア Hs-Link	エリア 他	ライン CameraLink, PoCL, PoCL-lite	ライン GigE, GigE-Vision, PoE	ライン CoaXPress	ライン Hs-Link	ライン 他	高速度カメラ	赤外線カメラ	ハイビジョンカメラ	特殊カメラ その他	スマートカメラ	ボード CameraLink, PoCL, PoCL-lite	ボード IEEE 1394	ボード GigE, GigE-Vision, PoE	ボード CoaXPress	ボード Hs-Link	ボード 他	画像処理ボード	画像処理装置	画像処理ソフトウエア	画像検査装置	システムインテグレータ	計測・解析機器	記録装置	ケーブル・リピータ・コネクタ	画像伝送	その他 周辺機器	セキュリティ・個人認証	放送	産業用コンピュータ
																																			●	●			●		●	●				●	●	●	●			
																																		●					●	●	●	●	●	●	●							●

Ⅳ ソフトウエア

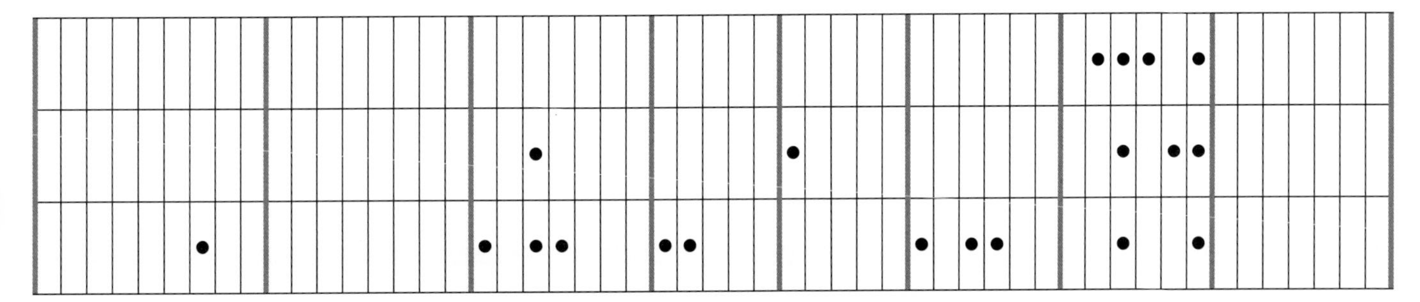

CCTVレンズ	マクロレンズ	単焦点レンズ	バリフォーカルレンズ	ズームレンズ	テレセントリックレンズ	ラインセンサー用レンズ	赤外線レンズ	受託開発 その他	LED	ハロゲン	蛍光灯	メタルハライド	キセノン	その他	電源	照明コントローラ	エリア CameraLink, PoCL, PoCL-lite	エリア IEEE 1394	エリア GigE, GigE-Vision, PoE	エリア USB	エリア CoaXPress	エリア Hs-Link	エリア 他	ライン CameraLink, PoCL, PoCL-lite	ライン GigE, GigE-Vision, PoE	ライン CoaXPress	ライン Hs-Link	ライン 他	高速度カメラ	赤外線カメラ	ハイビジョンカメラ	特殊カメラ その他	スマートカメラ	ボード CameraLink, PoCL, PoCL-lite	ボード IEEE 1394	ボード GigE, GigE-Vision, PoE	ボード CoaXPress	ボード Hs-Link	ボード 他	画像処理ボード	画像処理装置	画像処理ソフトウエア	画像検査装置	システムインテグレータ	計測・解析機器	記録装置	ケーブル・リピータ・コネクタ	画像伝送	その他 周辺機器	セキュリティ・個人認証	放送	産業用コンピュータ
																																									●	●	●		●							
																			●										●													●		●	●							
						●											●		●	●				●	●									●		●	●					●			●							

Ⅴ システムインテグレータ

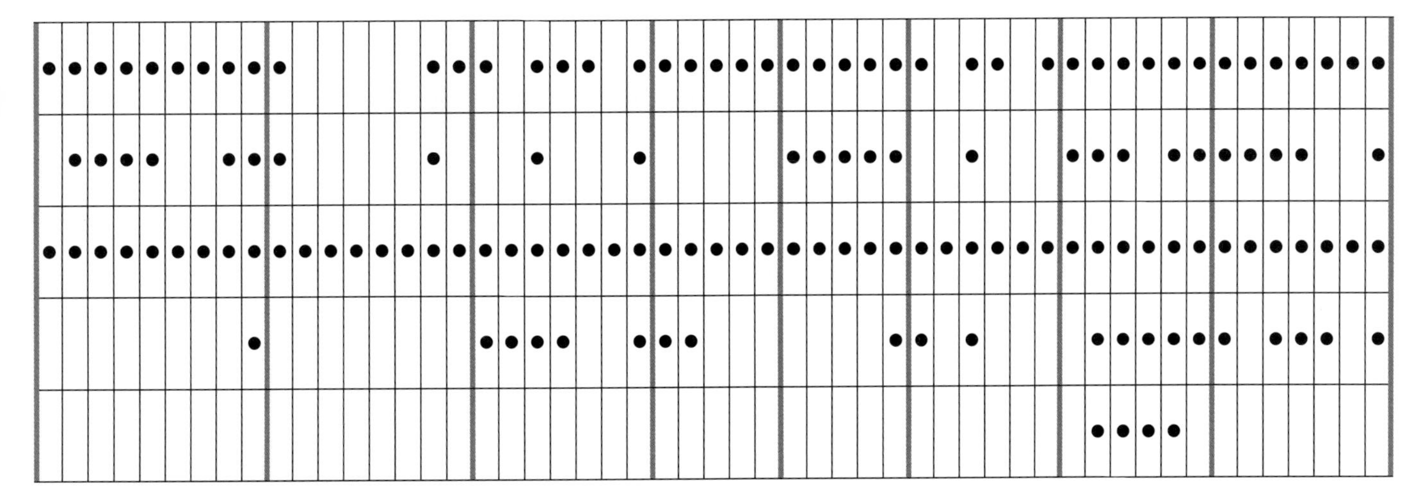

CCTVレンズ	マクロレンズ	単焦点レンズ	バリフォーカルレンズ	ズームレンズ	テレセントリックレンズ	ラインセンサー用レンズ	赤外線レンズ	受託開発 その他	LED	ハロゲン	蛍光灯	メタルハライド	キセノン	その他	電源	照明コントローラ	エリア CameraLink, PoCL, PoCL-lite	エリア IEEE 1394	エリア GigE, GigE-Vision, PoE	エリア USB	エリア CoaXPress	エリア Hs-Link	エリア 他	ライン CameraLink, PoCL, PoCL-lite	ライン GigE, GigE-Vision, PoE	ライン CoaXPress	ライン Hs-Link	ライン 他	高速度カメラ	赤外線カメラ	ハイビジョンカメラ	特殊カメラ その他	スマートカメラ	ボード CameraLink, PoCL, PoCL-lite	ボード IEEE 1394	ボード GigE, GigE-Vision, PoE	ボード CoaXPress	ボード Hs-Link	ボード 他	画像処理ボード	画像処理装置	画像処理ソフトウエア	画像検査装置	システムインテグレータ	計測・解析機器	記録装置	ケーブル・リピータ・コネクタ	画像伝送	その他 周辺機器	セキュリティ・個人認証	放送	産業用コンピュータ
●	●	●	●	●	●	●	●	●	●						●	●	●		●	●	●		●	●	●	●	●	●	●	●	●	●	●	●		●	●		●	●	●	●	●	●	●	●	●	●	●	●	●	●
	●	●	●	●			●	●	●						●				●				●						●	●	●	●	●			●				●	●	●		●	●	●	●	●	●			●
●	●	●	●	●	●	●	●	●	●	●	●	●	●	●	●	●	●	●	●	●	●	●	●	●	●	●	●	●	●	●	●	●	●	●	●	●	●	●	●	●	●	●	●	●	●	●	●	●	●	●	●	●
								●									●	●	●	●			●	●	●								●	●		●					●	●	●	●	●	●		●	●	●		●
																																								●	●	●	●								

Ⅵ 計測・解析機器

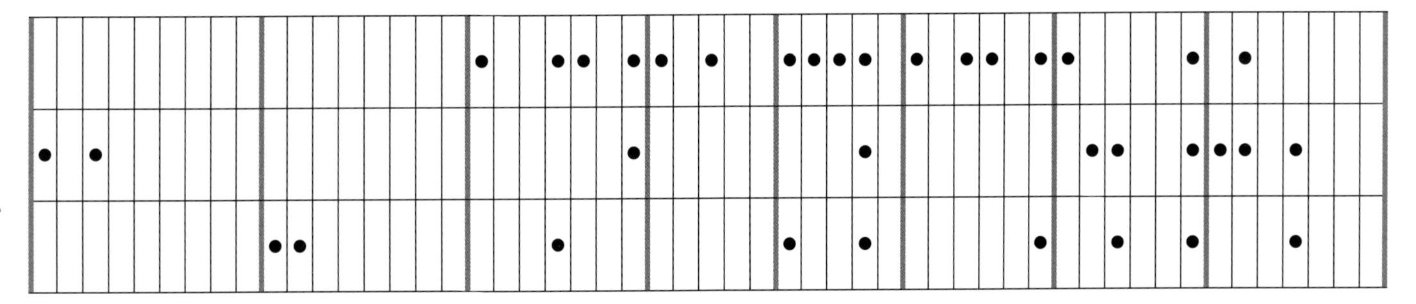

CCTVレンズ	マクロレンズ	単焦点レンズ	バリフォーカルレンズ	ズームレンズ	テレセントリックレンズ	ラインセンサー用レンズ	赤外線レンズ	受託開発 その他	LED	ハロゲン	蛍光灯	メタルハライド	キセノン	その他	電源	照明コントローラ	エリア CameraLink, PoCL, PoCL-lite	エリア IEEE 1394	エリア GigE, GigE-Vision, PoE	エリア USB	エリア CoaXPress	エリア Hs-Link	エリア 他	ライン CameraLink, PoCL, PoCL-lite	ライン GigE, GigE-Vision, PoE	ライン CoaXPress	ライン Hs-Link	ライン 他	高速度カメラ	赤外線カメラ	ハイビジョンカメラ	特殊カメラ その他	スマートカメラ	ボード CameraLink, PoCL, PoCL-lite	ボード IEEE 1394	ボード GigE, GigE-Vision, PoE	ボード CoaXPress	ボード Hs-Link	ボード 他	画像処理ボード	画像処理装置	画像処理ソフトウエア	画像検査装置	システムインテグレータ	計測・解析機器	記録装置	ケーブル・リピータ・コネクタ	画像伝送	その他 周辺機器	セキュリティ・個人認証	放送	産業用コンピュータ
																	●			●	●		●	●		●			●	●	●	●		●		●	●		●	●					●		●					
●		●																					●									●									●	●			●	●	●		●			
									●	●										●									●			●							●			●			●				●			

『ベンダーズリスト 画像関連製品製造販売会社一覧』掲載会社は、当社HPとのリンクサービスを行っております。各掲載会社様への詳細な情報、問い合わせの際は、是非ご活用ください。

日本工業出版ホームページ http://www.nikko-pb.co.jp

Ⅶ　その他画像関連装置

G(9)

社　名	連絡先	製品概要
㈲フィット	〒393-0023　長野県諏訪郡下諏訪町富ヶ丘6750 TEL　0266-26-1400・047-431-9199 FAX　0266-26-1401・047-431-9213 http://www.fit-movingeye.co.jp	試作～量産まで、カスタムレンズ開発製造販売。(テレセントリックレンズ～魚眼レンズ) 光学計測装置・画像処理システム画像処理ソフト開発販売。 豊富な魚眼レンズ好評！セキュリティ光学系と自主防犯システムの開発販売。 小径～大口径特殊レンズ：1枚から対応可能。
㈱フジクラ	〒135-8512　東京都江東区木場1-5-1 TEL　03-5606-1473　FAX　03-5606-1574 http://www.fujikura.co.jp/ aoc-info@fujikura.co.jp	カメラリンク準拠の映像信号を、無中継で長距離伝送可能なアクティブ光カメラリンクケーブル。特長は、 ①Base／Medium対応で、クロック85MHz時に最長100m伝送が可能、 ②光ー電気変換部をプラグに内蔵し、従来のカメラ、グラバボードと接続互換性あり、 ③光伝送のため外来ノイズに強く、安定した画像伝送を実現

Ⅶ その他画像関連装置

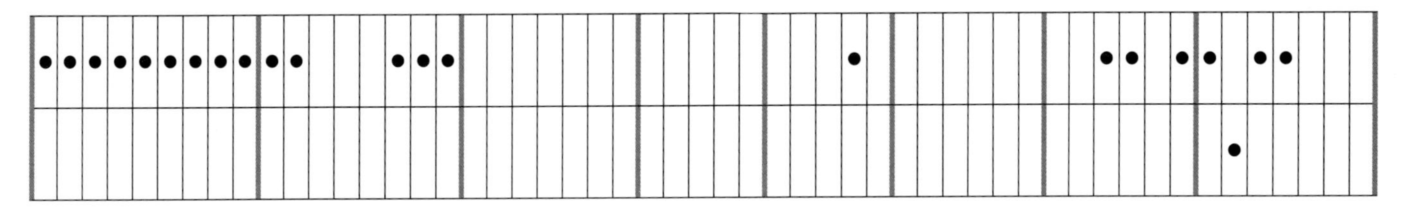

レンズ									光源・照明								エリアカメラ							ラインカメラ					高速度カメラ	赤外線カメラ	ハイビジョンカメラ	特殊カメラ その他	スマートカメラ	画像入力ボード						画像処理ボード	画像処理装置	画像処理ソフトウエア	画像検査装置	システムインテグレータ	計測・解析機器	記録装置	ケーブル・リピータ・コネクタ	画像伝送	その他 周辺機器	セキュリティ・個人認証	放送	産業用コンピュータ
CCTVレンズ	マクロレンズ	単焦点レンズ	バリフォーカルレンズ	ズームレンズ	テレセントリックレンズ	ラインセンサー用レンズ	赤外線レンズ	受託開発 その他	LED	ハロゲン	蛍光灯	メタルハライド	キセノン	その他	電源	照明コントローラ	CameraLink, PoCL, PoCL-lite	IEEE1394	GigE, GigE-Vision, PoE	USB	CoaXPress	Hs-Link	他	CameraLink, PoCL, PoCL-lite	GigE, GigE-Vision, PoE	CoaXPress	Hs-Link	他						CameraLink, PoCL, PoCL-lite	IEEE1394	GigE, GigE-Vision, PoE	CoaXPress	Hs-Link	他													
●	●	●	●	●	●	●	●	●	●	●				●	●	●																●										●	●		●	●		●	●			
																																															●					

JIIA 日本インダストリアルイメージング協会

Japan Industrial Imaging Association

JIIAの発足は、産業用途での画像機器（工業用カメラ、入力装置、画像処理装置、画像処理ソフト、光学機器、照明装置、計測・解析機器等）の出荷額において日本が世界で占める割合は大きい。これら産業用画像分野の発展に貢献する組織が日本にも誕生し、以下のような活動を行うことが、日本国内外から望まれたからであります。

◉海外における統一規格の国内への普及活動

◉海外にある関連協会への日本からの働きかけ

◉日本発の標準化事業を行なう組織の必要性

◉世界的な市場統計、日本製品の紹介

- JIIA
  - 運営委員会
    - 統計分科会
    - 知財分科会
    - 広報分科会
  - 標準化委員会
    - カメラインターフェース専門委員会
      - CoaXPress 分科会
      - USB3 Vision 分科会
      - 光伝送メディア 分科会
      - Camera Link 分科会
      - GigE Vision 分科会
      - Embedded Vision I/F 分科会
      - 次世代Visionネットワーク準備部会
    - カメラプロトコル専門委員会
      - IIDC2 分科会
      - GenICam 分科会
    - 撮像技術専門委員会
      - カメラ仕様分科会
      - 照明分科会
      - レンズ分科会

【活動の主な内容】

JIIAは、「産業用画像分野を通して産業の発展に寄与することを目的とし、次の事業を行う」と定款に謳っております。

（1）先進的な産業用画像技術に係る標準化の推進

（2）国際的、横断的な標準化事業及びそのための調査研究等への参画、提言

（3）産業用画像分野の理解促進と情報交流のためのセミナー、講演会等の開催

（4）各種標準化会議の内容及び関連資料の開示、提供

（5）産業用画像分野の技術動向、市場情勢等に関する調査・統計資料及び関連情報の開示、提供

（6）国際的、横断的な産業用画像分野の会議、イベント等の主催及び支援

（7）その他、本会の目的を達成するために必要な事業、及び前各号に掲げる事業に付帯又は関連する事業を挙げ活動しております。

入会のお申込み方法について

日本インダストリアルイメージング協会に関します入会のお申込みにつきましては、
ホームページ（http://jiia.org/）より「入会申込書」をダウンロードし、必要事項をご記入・ご捺印の上、
下記あてに郵送にてお申込みをお願い申し上げます。

お申込書のご郵送宛先

〒169-0073　東京都新宿区百人町2-21-27（アドコム・メディア㈱内）
一般社団法人　日本インダストリアルイメージング協会事務局　宛

※お申込み書類は、ご返却いたしませんが、ご提供いただいた個人情報は、お客様ご本人のご承諾がない限り、原則として協会の設立およびその後の運営利用目的以外の用途には使用致しません。また、個人情報保護に関する法令およびコンプライアンスの基本に則り、個人情報の取扱いに関して、厳正な取扱いに努めて参りますのでご理解ご了承をお願い申し上げます。

JIIA市場統計冊子 2014年版（第７版 FY2011-FY2014）販売中

JIIA統計分科会編集による市場統計冊子（第７版-2014年版）を販売中です。第７版では2011年から2014年までの「エリアカメラ」「画像入力ボード」の統計を掲載しています。部数には限りがあり、先着順での販売となります。
購入ご希望の方は、JIIAホームページ（http://www.jiia.org）の「JIIA市場統計（2011～2014年までの統計データ（第7版）を発行・詳細＆購入」ボタンをクリックし、JIIA統計冊子（PDF版）購入申込フォームから必要事項をご記入いただき、お申込みください。見本のPDFデータも閲覧できます。